电气安装规划与实施

主 编 荆瑞红 陈友广

北京理工大学出版社
BEIJING INSTITUTE OF TECHNOLOGY PRESS

图书在版编目（CIP）数据

电气安装规划与实施/荆瑞红，陈友广主编. —北京：北京理工大学出版社，2018.1

ISBN 978 - 7 - 5682 - 5080 - 1

Ⅰ. ①电… Ⅱ. ①荆… ②陈… Ⅲ. ①电气设备 – 设备安装 Ⅳ. ①TM05

中国版本图书馆 CIP 数据核字（2017）第 325599 号

出版发行／北京理工大学出版社有限责任公司
社　　址／北京市海淀区中关村南大街 5 号
邮　　编／100081
电　　话／（010）68914775（总编室）
　　　　　（010）82562903（教材售后服务热线）
　　　　　（010）68948351（其他图书服务热线）
网　　址／http：//www. bitpress. com. cn
经　　销／全国各地新华书店
印　　刷／三河市天利华印刷装订有限公司
开　　本／787 毫米×1092 毫米　1/16
印　　张／17　　　　　　　　　　　　　　　　　责任编辑／孟雯雯
字　　数／401 千字　　　　　　　　　　　　　　文案编辑／多海鹏
版　　次／2018 年 1 月第 1 版　2018 年 1 月第 1 次印刷　责任校对／周瑞红
定　　价／64.00 元　　　　　　　　　　　　　　责任印制／李　洋

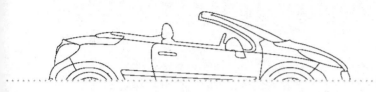

前　言

PREFACE

"电气安装规划与实施"是机电一体化技术专业的核心课程，也是一门实践性和理论性都很强的课程。以任务为导向，强化基础，突出应用，强化标准，突出技能。本书由其有多年教学改革经验及多年工厂经验的双师型教师，在充分调研和吸取众多院校教学改革经验和成果的基础上编写而成。

1. 编写的指导思想

本书按照"锤炼精品、突出重点、产教结合、创新形式"的原则，满足维修电工考证标准和岗位要求，将电气控制最新的数字化信息引入到教材内容中；结合机电一体化中德合作特点，将 AHK 机电一体化工考证的内容引入到教材中；以项目为导向，步步深入地推进教材内容的设计方式，力求成为一本本行业特点鲜明的教材。

2. 编写内容

本书强化电气系统的安装与调试，细化每个项目的知识点与操作技能，从项目任务导入、资讯、任务实施、检查与评估几个方面逐步开展，项目设置由简单到复杂、由浅入深；将实训工作页引入到教材中，引导读着按照项目化的思路完成各个项目及任务；本教材项目设计思想是基于德国机电一体化工学习领域 3 而设置的，每个项目后的习题大部分来自于历年的 AHK 机电一体化工试题库中的电气部分，做到教材与机电一体化工有机融合。基于我院"电气安装规划与实施"课程丰富的微视频、课件及 PPT 在线课程资源，本教材在编写过程中，将二维码的数字化资源有效引入到各个项目中。

3. 体例编排

全书分为 9 个项目，每个项目分解为多个任务，每个任务按照任务导入、资讯、任务实施、检查与评估、课后习题等方式贯穿在学习情境中。同时，将重点、难点的内容以二维码形式呈现出来，让读者通过扫描二维码及时掌握知识与技能。课后习题引入了 AHK 机电一体化工历年的理论题库内容，做到教材适应中德特色。

本书由荆瑞红、陈友广担任主编，汤雪峰担任副主编。荆瑞红主要编写项目 1、项目 6 至项目 9，陈友广主要编写项目 2 至项目 5。其中，参与编写的还有汤雪峰、钟鸣。全书由荆瑞红负责统稿。

本书在初期审核过程中得到了周晓刚的亲切指导，以及德国专家 Escher Clause 的帮助，在此表示感谢。本书在编写过程中参考了大量的文献，在此对相关作者一并表示感谢。

由于编者水平有限，加之时间比较仓促，书中如有不足之处敬请使用本书的师生与读者批评指正，以便修订时改进。如读者在使用本书的过程中有其他的意见或建议，恳请提出宝贵意见。

编　者

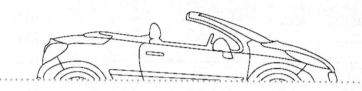

目 录
CONTENTS

项目 1
交流电路的安装与调试

项目介绍

本项目主要是让同学们掌握交流电路的基本知识，并能够对简单的照明电路进行安装与调试；掌握交流电压表、电流表、功率表的接法，并能够应用到电路中；掌握三相交流电负载和电源的连接方式，学会简单的交流电路的安装与调试。

学有所获

■ 知识目标

（1）掌握交流电的基本知识；
（2）掌握交流电的三要素；
（3）掌握交流电的分析方法；
（4）掌握三相交流电的基本知识；
（5）了解镇流器、启辉器的工作原理；
（6）掌握三相交流电电源/负载的连接方式；
（7）掌握三相交流电的分析方法；
（8）掌握三相交流电功率的计算方法。

■ 能力目标

（1）能正确使用交流电压表、交流电流表和功率表；
（2）学会分析交流电路；
（3）能对交流电路（包括三相交流电路）进行接线并调试。

✿ 任务1.1　日光灯电路的安装与调试

■ 任务导入

按照图 1-1 进行日光灯电路的安装与调试，并测试出电路中的电压与电流。

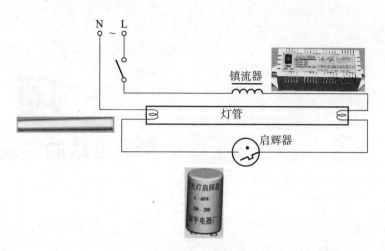

图1-1 日光灯电路

■ **任务分解**

■ **资讯**

1.1.1 正弦交流电的基本知识

一、正弦交流电

大小和方向随时间变化的电压或电流，称为交流电。图1-2所示为直流电和交流电的波形。

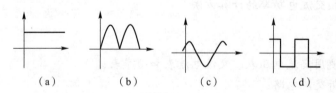

图1-2 直流电和交流电的波形

（a）恒定直流电；（b）脉动直流电；（c）正弦交流电；（d）交流方波

大小和方向均随时间按正弦规律变化的电压或电流称为正弦交流电。正弦电压和电流等物理量，统称为正弦量。图1-2（c）所示为正弦交流电波形。

由于正弦电压和电流是随时间按正弦规律周期性变化的，故在电路图上标示的方向是"参考方向"。当交流电的实际方向与参考方向一致时值为正，相应波形在横轴之上叫作正半周；当交流电的实际方向与参考方向相反时值为负，相应的波形在横轴之下叫作负半周。

二、正弦交流电的三要素

频率、幅值和初相位是正弦交流电的三要素。设某支路中正弦电流 i 在选定参考方向下的瞬时值表达式为

$$i = I_m \sin(\omega t + \psi) \qquad\text{（式 1-1）}$$

式中，I_m——幅值；

　　　ω——正弦量的角频率；

　　　ψ——初相位。

1）瞬时值、最大值和有效值

把任意时刻正弦交流电的数值称为瞬时值，用小写字母表示。如 i、u 及 e 表示电流、电压及电动势瞬时值。瞬时值有正、有负，也可以为零。

最大的瞬时值称为最大值（也叫幅值、峰值），用下标 m 的大写字母表示，如 I_m、U_m 及 E_m 分别表示电流、电压及电动势的最大值。

工程上常用有效值来表示正弦量的大小。通常所说的交流电压 220 V 和 380 V，以及一般交流测量仪表所指示的电压、电流的数值都是有效值。

若某交流电流 i 通过电阻 R 在一个周期内所产生的热量，与某一直流电流 I 通过同一电阻在相同的时间内产生的热量相等，则称这一直流电流的数值为该交流电流的有效值。有效值用 U 或 I 表示。

对于正弦交流电，电压有效值与最大值之间的关系如下：

$$U = \frac{U_m}{\sqrt{2}} \qquad\text{（式 1-2）}$$

2）频率与周期

正弦量变化一次所需的时间（秒）称为周期 T。每秒内变化的次数为频率 f，单位是赫兹（Hz）。频率和周期互为倒数，即

$$f = \frac{1}{T} \qquad\text{（式 1-3）}$$

正弦量变化的快慢，除了用周期和频率表示外，还可以用角频率 ω 来表示，角频率是交流电 1 秒内变化的电角度。一周期经过 2π 弧度，所以周期与 ω 之间的关系为

$$T = \frac{2\pi}{\omega}$$

则 ω 与 f、T 之间的关系为

$$\omega = 2\pi f = \frac{2\pi}{T} \qquad\text{（式 1-4）}$$

我国的工业频率（简称工频）为 50 Hz，美国、日本等国家的工频为 60 Hz。

3）相位和初相位

正弦量在不同时刻 $\omega t + \varphi$ 值变化，瞬时值也随之变化。$\omega t + \varphi$ 反映出正弦量变化的进程，称为正弦量的相位角，简称相位。

$t = 0$ 时的相位角称为初相位角或初相位。规定初相位的绝对值不超过 π。

两个同频率正弦量的相位角之差（或初相位之差）称为相位差，用 φ 表示；同频正弦量的相位差 φ 一般有以下三种情况。

（1） $\varphi = \Psi_u - \Psi_i > 0$（小于180°），即 $\Psi_u > \Psi_i$，称作 u 领先、i 滞后，或称为 u 超前 i 相位 φ 角。

（2） $\varphi = \Psi_u - \Psi_i < 0$，即 $\Psi_n < \Psi_i$，称作 u 滞后、i 超前，或称为 u 滞后 i 相位 φ 角。

（3） $\varphi = \Psi_u - \Psi_i = 0$，即 $\Psi_u = \Psi_i$，称作同相位，或称为 u 与 i 同相。同相位时两个正弦量同时增、同时减、同时到最大值、同时为零。

（4） $\varphi = \Psi_u - \Psi_i = \pm\pi$ 称为反相位。

在同一线性正弦交流电路中，电压、电流与电源的频率是相同的，但初相位不一定相同。

【例1】已知某支路的电压和电流瞬时值分别为 $u = U_m \sin(\omega t + \Psi_u)$，$i = I_m \sin(\omega t + \Psi_i)$，求：电压与电流之间的相位差。

解：u、i 的相位差为

$$
\begin{aligned}
\varphi &= (\omega t + \Psi_u) - (\omega t + \Psi_i) \\
&= \omega t + \Psi_u - \omega t - \Psi_i \\
&= \Psi_u - \Psi_i
\end{aligned}
$$

显然，两个同频率正弦量之间的相位之差等于它们的初相之差。

1.1.2 镇流器

镇流器（Ballast Resistor）是日光灯上起限流作用和产生瞬间高压的设备，它是在硅钢制作的铁芯上缠漆包线制作而成的，这样的带铁芯的线圈，在瞬间开/关上电时，就会自感产生高压，加在日光灯管两端的电极（灯丝）上。镇流器分电子镇流器和电感镇流器两种。

电感镇流器是一个匝数很多（大约有7 000匝），并具有铁芯的电感线圈，外部用铁壳封装而成，如图1-3所示。在启动时与启辉器配合，产生瞬间高压点燃灯管；在工作时由于与灯管串联，它的高电抗可限制灯管电流，延长灯管的使用寿命。缺点：电感镇流器由于结构简单，故市场占有率还比较大，但因其功率因数低、低电压启动性能差、耗能大、频闪等，故慢慢地被电子镇流器所取代。

电子镇流器由电子元件组成，电路由整流电路、高频振荡电路和LC串联谐振电路三部分组成，如图1-4所示。其基本工作原理如下：

图1-3 电感镇流器

图1-4 电子镇流器

工频电源经过射频干扰（RFI）滤波器全波整流和无源（或有源）功率因素校正器（PPFC 或 APFC）后，变为直流电源。通过 DC／AC 变换器，输出 20～100 kHz 的高频交流电源，加到与灯连接的 LC 串联谐振电路加热灯丝，当灯管"放电"变成"导通"状态时，再次进入发光状态，此时高频电感起限制电流增大的作用，保证灯管获得正常工作所需的灯电压和灯电流。为了提高可靠性，常增设各种保护电路，如异常保护、浪涌电压和电流保护、温度保护，等等。

电子镇流器与电感镇流器相比，具有无噪声、功率因数高、省电等优点，已逐渐替代电感镇流器。

1.1.3　启辉器

启辉器俗称挑泡，在抽成真空并充有氖气的辉光管内，装有两个触片，一个是静触片，另一个是倒 U 型的双金属动触片，如图 1–5 所示。

为了避免启辉器两个触片通断时对无线电设备产生的干扰，通常在启辉器的两端并联一个容量为 0.005～0.01 μF 的纸介电容器。

图 1–5　启辉器

1.1.4　交流电压表、交流电流表

一、交流电压表

交流电压表也称为高频毫伏表，用于测量交流电压。交流电压表的单位主要有 kV、V、mV。交流电压表有模拟电压表与数字电压表之分，模拟表内部采用模拟电路，显示方式为指针式；数字表内部采用数字电路，显示方式为数字显示。图 1–6 所示为指针式交流电压表。

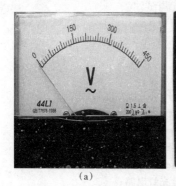　

(a)　　　　　　　　　(b)

图 1–6　指针式交流电压表

测量时，交流电压表并联在所测电路中。测量前指针式交流电压表要先机械调零。所谓机械调零即当仪器通电以后，将表笔短路，此时表针应该指向零电压处。仪器不通电时，表针也应该指向零电压处，如果不是，则用改锥调节表盘的最下方旋钮，将其调节到零。

二、交流电流表

交流电流表用来测量额定工作频率为 50 Hz、60 Hz 的交流电。交流电流表测量的单位主要有 mA 和 A。交流电流表也有指针式和数字式两种，如图 1-7 所示。

（a）　　　　　　　　　　　　　（b）

图 1-7　交流电流表

（a）指针式；（b）数字式

测量电流时，交流电流表应串联在所测电路中，被测电流不要超过电流表的量程，且电流要从"＋"接线柱接入从"－"接线柱接出。此外，绝对不允许不经过用电器而把电流表连接到电源的两级上。

交流电流表使用步骤如下：

（1）校零，用平口改锥调整校零按钮。

（2）选用量程（用经验估计或者采用试触法）。

（3）读出电流值。一看量程（电流表的测量范围）；二看分度值（表盘一小格代表多少）；三看表针停留位置（正面观察）。

■ 任务实施

按照图 1-8 对日光灯电路进行正确安装与调试。

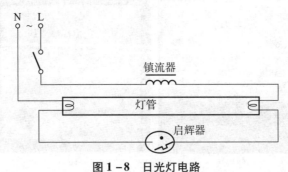

图 1-8　日光灯电路

1.1.5 日光灯电路安装前准备

步骤一：分析日光灯电路，如图1-9所示。

闭合开关，刚通电时由于日光灯没有点亮，电源电压全部加载在启辉器辉光管动、静触点之间。启辉器辉光管辉光放电加热，使启辉器动、静触点闭合，日光灯灯丝发射电子。当启辉器动、静触点接触时，动、静触点两端电压为0，启辉器辉光管加热停止，双金属片冷却后复位，动、静触点断开，回路中电流突然被切断，于是在镇流器两端产生比电源电压高出很多的感应电压，连同电源电压一起叠加在灯管两端，使管内惰性气体与水银蒸气产生弧光放电，灯管导通。随着管内温度的升高，水银蒸气游离猛烈撞击气体分子而放电，同时辐射紫外线激发灯管内的荧光粉后发出可见光用于照明。

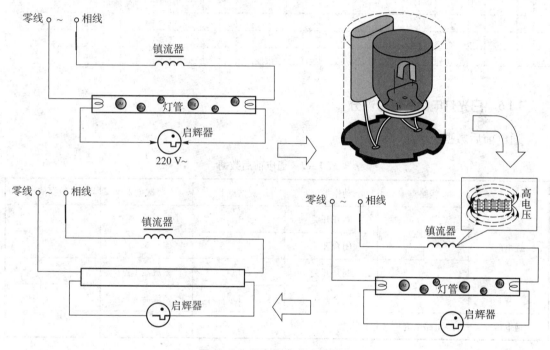

图1-9　日光灯电路工作原理

步骤二：在表1-1中列出元器件清单。

表1-1　元器件清单

序号	器件名称	数量	规格
1			
2			
3			
4			
5			
6			

步骤三：绘制元件布置图。

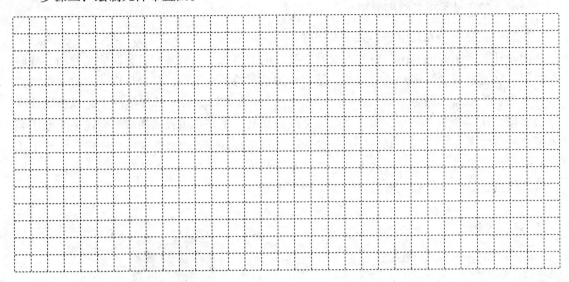

1.1.6 日光灯电路的检查评分

通电前后数据见表1−2。

表1−2　通电前后数据

	线路点	动作指示	测试点1	测试点2	数据值
通电前	电源	断开开关	L	N	
		闭合开关	L	N	
	镇流器	断开开关	L	镇流器1点	
		闭合开关	L	镇流器1点	
通电后	电路电流				

■ 检查评估

整体线路评分标准见表1−3。

表1−3　整体线路评分标准

	项目要求	分值	实际得分
电路功能	接线正确、电路正常	50	
工艺要求	元件稳固、平正，布局合理	5	
	导线压接松紧适当	5	
	布线合理、美观	10	

项目要求		分值	实际得分
完成时间	在规定时间内完成得满分，每延时 10 分钟扣 5 分	10	
不成功次数	一次成功得满分，不成功一次扣 5 分	10	
5S 情况	5S（现场、工具及相关材料的整理与填写）	10	
实际总得分			

■ **总结回顾**

（1）交流电的三要素是频率、幅值及初相位。

（2）交流电压表应并联在所测电路中，交流电流表应串联在所测电路中。

（3）镇流器是日光灯电路中重要的元器件，起着限流和产生瞬间高压的作用。

（4）只有使用电感镇流器的日光灯才使用启辉器，启辉器的作用是在日光灯预热结束后产生瞬间的自感高压击穿灯管内部的气体，从而使灯管启动。

■ **课后习题**

1-1-1 已知某交流电电压为 $u = 220\sin(\omega t + \varphi)$，则这个交流电压的最大值和有效值分别为多少？

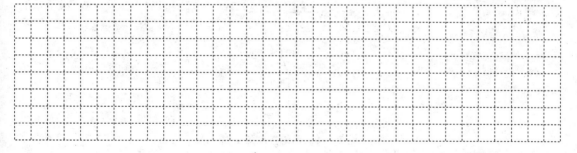

1-1-2 已知正弦交流电压为 $u = 311\sin 314t$，求该电压的最大值、频率、角速度和周期各为多少？

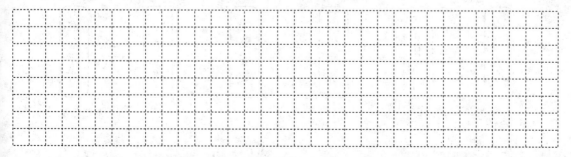

1-1-3 刚接好的荧光灯电路，通电后闪了一下就不亮了，灯管一端发黑，可能的原因是什么？

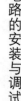

（A）电路错在接线，错将镇流器与灯管并联

（B）电路错在接线，错将启辉器与灯管并联

（C）电路错在接线，错将镇流器与灯管串联

（D）电路错在接线，错将启辉器与灯管串联

1-1-4　刚接好的荧光灯电路，通电后启辉器不闪亮，灯也不亮。可能的原因是(　　)。

（A）电路错在接线，错将镇流器、启辉器与灯管并联

（B）电路错在接线，错将启辉器与灯管并联

（C）电路错在接线，错将镇流器、启辉器与灯管串联

（D）电路错在接线，错将启辉器与灯管并联

✳ **任务1.2　低压配电电路的安装与调试**

■ 任务导入

按照图1-10完成两地控制灯电路的安装与调试。

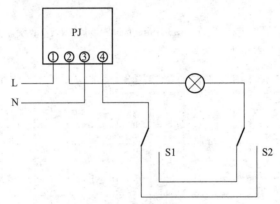

图1-10　两地控制灯电路

■ 任务分解

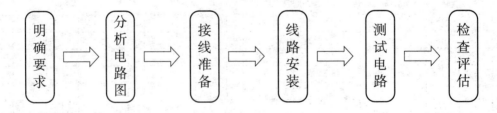

■ 资讯

1.2.1　三相交流电

三相交流电是由三相发电机产生的。发电机主要由定子和转子两大部分构成。三相定子

绕组对称嵌放在定子铁芯槽中。转子绕组通电后产生磁场，原动机带动转子绕轴旋转形成气隙旋转磁场。三相定子绕组与旋转磁场相切割，感应产生对称三相电动势。三个幅值相等、频率相同、相位互差120°的正弦电动势称为三相交流电，它们的瞬时值表达式为

$$\begin{cases} e_A = E_m \sin\omega t \\ e_B = E_m \sin(\omega t - 120°) \\ e_C = E_m \sin(\omega t + 120°) \end{cases} \qquad (式1-5)$$

同时，发电机感应的三相电压分别为

$$\begin{cases} u_A = U_m \sin\omega t \\ u_B = U_m \sin(\omega t - 120°) \\ u_C = U_m \sin(\omega t + 120°) \end{cases} \qquad (式1-6)$$

式中，ω——正弦电压变化的角频率；

U_m——幅值。

感应电动势的波形和相量图如图1-11所示。

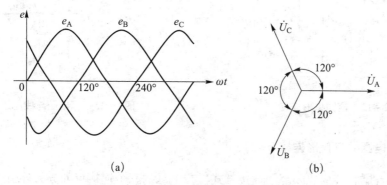

（a）　　　　　　　　　（b）

图1-11　三相对称电源的波形和相量图

（a）波形；（b）相量图

由图1-11可知，任意瞬间三相电动势的瞬时值代数和为零，即

$$e_A + e_B + e_C = 0 \qquad (式1-7)$$

由矢量图可知，三相交流电的矢量和也等于零，即

$$\dot{U}_A + \dot{U}_B + \dot{U}_C = 0 \qquad (式1-8)$$

1.2.2　三相电源的连接

三相交流发电机有三个绕组、六个接线端，目前采用的方法是将这个三相交流电按照一定的方式连接成一个整体向外送电。三相电源连接方式通常为星形连接和三角形连接。

一、三相电源的星形连接（Y）

星形连接是将三相绕组的三个末端连接在一起，引出一根线（N线），三个首端各自引出三根供电线（A、B、C），如图1-10所示。

从图1-12可以看出，三相电源绕组作Y形连接时可以向负载提供两种电压，分别为相电压和线电压，此种供电系统称为三相四线制。相电压即火线与零线之间的电压；线电压

即火线与火线之间的电压。两种常用的电压模式为：相电压为 220 V 时，线电压为 380 V；线电压为 220 V 时，相电压为 127 V。

电源的中性点总是接地的，因此相电压在数值上等于各相绕组首端电位。那么，线电压与相电压之间的关系为

$$\begin{cases} \dot{U}_{AB} = \dot{U}_A - \dot{U}_B \\ \dot{U}_{BC} = \dot{U}_B - \dot{U}_C \\ \dot{U}_{CA} = \dot{U}_C - \dot{U}_A \end{cases} \qquad （式1-9）$$

$$\frac{1}{2}U_{AB} = U_A \cos 30° \xrightarrow{\text{可得}} U_{AB} = \sqrt{3}U_A$$

因此，在数量上，线电压 U_{AB} 是相电压 U_A 的 1.732 倍；在相位上，线电压超前于其相对应的相电压 30°电位角。如图 1-13 所示。

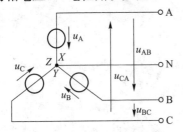

图 1-12 电源星形连接

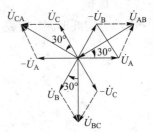

图 1-13 相电压与线电压之间的关系

二、三相电源的三角形连接（△）

三相电源首尾相接构成闭环的连接方式，在电源的三个连接点处分另外引三根火线。

如图 1-14 所示，电源绕组作△连接时，线电压等于发电机绕组的三相感应电压，即

$$U_{\text{线}} = U_{\text{相}} \qquad （式1-10）$$

三相电源绕组作△连接时，线电压等于电源绕组的感应电压，此种供电系统称为三相三线制。通常电源绕组的连接方式为星形。显然，发电机绕组作△连接时只能向负载提供一种电压。发电机三相绕组作△连接时，不允许首尾端接反，否则将在三角形环路中引起大电流而致使电源过热烧损。

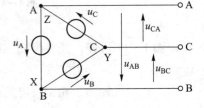

图 1-14 三相电源的三角形连接

1.2.3 三相负载的连接方式

三相负载也有星形和三角形两种连接方式。

一、三相负载星形连接（Y）

三相电路中负载的连接方法有两种，即星形连接和三角形连接。依电源额定电压与负载需求，两种连接方式都较为常用。负载星形连接的三相四线制电路如图 1-15 所示，三相负载分别为

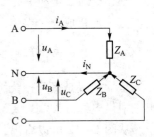

图 1-15 负载的星形连接

Z_A、Z_B、Z_C，由于中线的存在，负载的相电压即为电源的相电压，且流过每相负载的电流称为相电流，流过电源相线上的电流称为线电流。

（1）当三相负载为对称负载时满足

$$Z_A = Z_B = Z_C = |Z| \angle \varphi \qquad (式1-11)$$

那么，Y 连接对称三相负载中通过的电流为

$$\begin{cases} \dot{I}_A = \dfrac{\dot{U}_A}{Z_A} \\[2mm] \dot{I}_B = \dfrac{\dot{U}_B}{Z_B} \\[2mm] \dot{I}_C = \dfrac{\dot{U}_C}{Z_C} \end{cases} \qquad (式1-12)$$

Y 连接对称三相负载中的三相电流对称，即

$$\dot{I}_N = \dot{I}_A + \dot{I}_B + \dot{I}_C = 0 \qquad (式1-13)$$

因此，对称负载 Y 连接时，由于中线电流为零，即中线不起作用，故可以拿掉。

（2）三相负载为不对称三相负载时，即

$$Z_A \neq Z_B \neq Z_C \qquad (式1-14)$$

求解不对称三相负载电路时，只要电路中有中线，就可把各相按照单相电路的分析方法分别计算，注意此时中线电流不等于零。

二、三相负载的三角形连接（△）

三相负载首尾相接构成一个闭环，由三个连接点分别向外引出端线，如图1-16所示。因为各相负载都直接连在电源的线电压上，故三相负载的电压即为电源的线电压，且无论负载对称与否，电压总是对称的。

对三个结点列 KCL 方程可得：

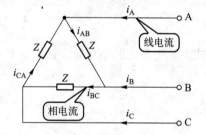

图1-16　三相负载三角形连接

$$\begin{cases} \dot{I}_A = \dot{I}_{AB} - \dot{I}_{CA} = \dot{I}_{AB} + (-\dot{I}_{CA}) \\[1mm] \dot{I}_B = \dot{I}_{BC} - \dot{I}_{AB} = \dot{I}_{BC} + (-\dot{I}_{AB}) \\[1mm] \dot{I}_C = \dot{I}_{CA} - \dot{I}_{BC} = \dot{I}_{CA} + (-\dot{I}_{BC}) \end{cases} \qquad (式1-15)$$

（1）当三相负载对称时。

$$\begin{cases} \dot{I}_{AB} = \dfrac{\dot{U}_{AB}}{Z} \\[2mm] \dot{I}_{BC} = \dfrac{\dot{U}_{BC}}{Z} \\[2mm] \dot{I}_{CA} = \dfrac{\dot{U}_{CA}}{Z} \end{cases} \qquad (式1-16)$$

△连接时负载的端电压等于电源线电压。由于三个线电压对称，因此三个相电流对称。观察相量图 1 - 17 可得：

$$\begin{cases} \dot{I}_A = \sqrt{3}\dot{I}_{AB} \angle -30° \\ \dot{I}_B = \sqrt{3}\dot{I}_{BC} \angle -30° \\ \dot{I}_C = \sqrt{3}\dot{I}_{CA} \angle -30° \end{cases}$$ （式 1 - 17）

即线、相电流的数量关系为

$$I_{\triangle l} = \sqrt{3}I_{\triangle P}$$ （式 1 - 18）

在相位上，线电流滞后相电流 30°

（2）三相负载不对称时，如图 1 - 18 所示。

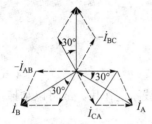

图 1 - 17　线电流与相电流之间的关系

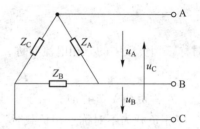

图 1 - 18　三相负载不对称

各相电流分别计算：

$$\dot{I}_{AB} = \frac{\dot{U}_{AB}}{Z_{AB}}, \ \dot{I}_{BC} = \frac{\dot{U}_{BC}}{Z_{BC}}, \ \dot{I}_{CA} = \frac{\dot{U}_{CA}}{Z_{CA}}$$ （式 1 - 19）

线、相电流之间不再有 $\sqrt{3}$ 倍的关系，应根据下列公式分别计算，即

$$\begin{cases} \dot{I}_A = \dot{I}_{AB} - \dot{I}_{CA} \\ \dot{I}_B = \dot{I}_{BC} - \dot{I}_{AB} \\ \dot{I}_C = \dot{I}_{CA} - \dot{I}_{BC} \end{cases}$$ （式 1 - 20）

1.2.4　三相交流电功率及功率表

一、有功功率

不论负载是星形连接还是三角形连接，总的有功功率必定是各项有功功率之和。当负载对称时，每相有功功率是相等的。因此三相总功率为

$$P = 3P_P = 3U_P I_P \cos\varphi$$ （式 1 - 21）

式中，φ——相电压与相电流之间的相位差，即负载的阻抗角。

当负载为星形连接时，有

$$\begin{cases} U_1 = \sqrt{3}U_P \\ I_1 = I_P \end{cases}$$ （式 1 - 22）

当负载为三角形连接时，有

$$\begin{cases} U_1 = U_P \\ I_1 = \sqrt{3}I_P \end{cases} \qquad (式1-23)$$

由上述可知，不论负载是星形连接还是三角形连接，均有

$$P = \sqrt{3}U_1I_1\cos\varphi \qquad (式1-24)$$

通常应用（式1-24）来计算功率，其中，线电流和线电压通常容易测量或是已知的。各电路功率计算式见表1-4。

表1-4　功率计算式

电路类型	有功功率	无功功率
直流电路	$P = UI$	0
交流电路	$P = UI\cos\varphi$	$Q = UI\sin\varphi$
三相交流电路	$P = P_U + P_V + P_W$	$Q = Q_U + Q_V + Q_W$
三相对称交流电路	$P = 3P_P = \sqrt{3}U_1I_1\cos\varphi$	$Q = 3Q_P$

二、功率表

1）功率表的使用

功率表也叫瓦特表，是一种测量电功率的仪器，测量单位有 W，kW，mW 等。未作特殊说明时，功率表一般是指测量有功功率的仪表。如图1-19所示。

图1-19　功率表

在使用时，选择功率表的量程就是选择功率表中的电流量程和电压量程。使用时应使功率表中的电流量程不小于负载电流，电压量程不低于负载电压，而不能仅从功率量程来考虑。一般安装式功率表为直读单量程式，表上的示数即为功率数。但便携式功率表一般为多量程式，在表的标度尺上不直接标注示数，只标注分格，在选用不同的电流与电压量程时，每一分格都可以表示不同的功率数。在读数时，应先根据所选的电压量程 U、电流量程 I 以及标度尺满量程时的格数，求出每格瓦数（又称功率表常数）C，然后再乘上指针偏转的格数，就可得到所测功率 P。

2）功率表的接法

以实验室常用功率表为例，表的底部有标号为 1，2，3，4 的接线柱，其中，1，2 接线柱接入测量电压的线路中，3，4 接线柱接入测量电流的电路中，表针所指的位置即为所接入电路的有功功率，如图1-20所示。

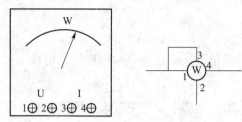

图 1-20　功率表接线简图

三、电能表

电能表（即家庭用的电表）是用来计量交流电能的仪表。电能表按用途可分为有功电能表和无功电能表；按结构可以分为单相电能表和三相电能表。这里我们主要介绍有功电能表，如图 1-21 所示。

图 1-21　电能表

1）电能

电能等于电场力所做的功，用大写字母 W 表示，单位是焦耳（J）。

$$W = PT$$

那么，我们常说的 1 度电是多少呢？

$$1\ 度 = 1\ \text{kW} \cdot \text{h} = 1\ 000 \times 3\ 600 = 3.6 \times 10^6\ (\text{J}) \tag{式 1-25}$$

2）电能表的安装与测量

（1）单相电能表的安装与测量。

电能表应安装在室内及不容易受损的墙上或开关板上，安装的位置以不低于 1.8 m 为宜；不能安装在高温、潮湿、多尘、有腐蚀体的地方。电能表应垂直安装。电能表的导线中间不应该有接头，接线应该严格按照表身电路图进行安装。电能表的选用应与用电器瓦数相匹配。电表计数位左 5 位为整数、右 1 位为小数，窗口显示数为实际用电数。单相电能表跳入式接线如图 1-22 所示。

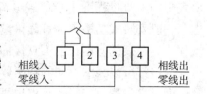

相线入
零线入
相线出
零线出

图 1-22　单相电能
表跳入式接线

（2）三相四线电能表的安装与测量。

三相四线制电能表有 1~9 个接线柱，其中 1，4，7 为电源进线端，3，6，9 为负载端，具体如图 1-23 所示。

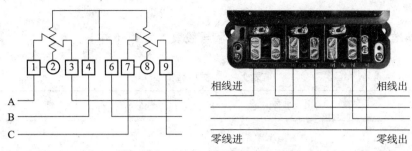

图 1-23　三相四线制电能表接线

3）电能表接线方式判断

电能表分为顺入式接线和跳入式接线。图 1-20 和图 1-21 所示为跳入式接线。使用万用表的检测步骤如下：

（1）将万用表打到"R×100"挡，调零。

（2）将两只表笔接触电能表 1，2 接线柱，若阻值较小（接近于 0），则 1，3 是进线端，电能表为跳入式接线；若阻值较大（约为 1 000 Ω），则 1，2 为进线端，电能表为顺入式接线。接线柱如图 1-23 所示。三相四线制电能表测量方法同上。

单相电能表结构如图 1-24 所示。

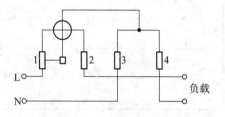

图 1-24　单相电能表结构

■ 任务实施

1.2.5　两地控制灯的安装准备

两地控制灯电路如图 1-25 所示。

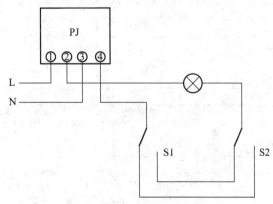

图 1-25　两地控制灯电路

一、照明灯的控制过程分析

按下开关 S1，照明灯亮，按下开关 S2，照明灯灭。

再次按下开关 S2，照明灯亮，按下开关 S1，照明灯灭。照明灯亮的同时，电能表显示用电度数。

二、材料准备（请将对应的器件、工具和导线填入表 1–5 中）

表 1–5　材料准备

序号	器件	数量	规格

三、绘制元件布局图

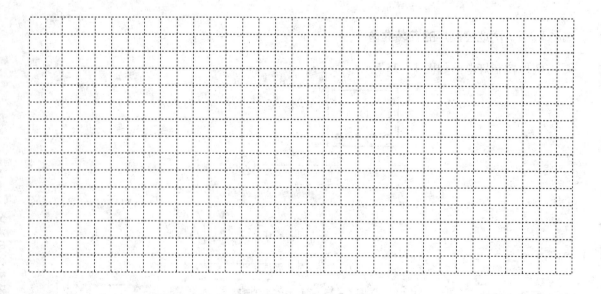

1.2.6　两地控制灯的安装与调试

通电前、后检测见表 1–6。

表1-6　通电前、后检测

	检测项目	测试点1	测试点2	数据值
通电前	电能表接线方式测定			
	接线完成后线路检查			
通电后	电路电流			
	10分钟电能表数值			

■ 检查评估

1.2.7　两地控制灯线路检测与评分

两地控制灯线路检测与评分见表1-7。

表1-7　两地控制灯线路检测与评分

项目要求		分值	实际得分
电路功能	接线正确、电路正常	50	
工艺要求	元件稳固、平正，布局合理	5	
	导线压接松紧适当	5	
	布线合理、美观	10	
完成时间	规定时间内完成得满分，每延时10分钟扣5分	10	
不成功次数	一次成功得满分，不成功一次扣5分	10	
5S情况	5S（现场、工具及相关材料的整理与填写）	10	
实际总得分			

■ 总结回顾

本任务重点讲述了三相交流电电源、负载的两种接线方式——星形连接和三角形连接、三相交流电功率的计算、电能表的使用及接线方式。基于前述的资讯知识，完成两地控制灯的安装与调试。

（1）三个频率相同、幅值相等、相位互差120°的正弦交流电即为三相交流电。

（2）三相交流电电源星形连接时，线电压与相电压关系为

$$U_l = \sqrt{3}\,U_P$$

项目1 交流电路的安装与调试

（3）三相交流电电源三角形连接时，线电压与相电压关系为

$$U_1 = U_P$$

（4）三相交流电负载星形连接时，线电流与相电流关系为

$$I_1 = I_P$$

（5）三相交流电负载为三角形连接时，线电流与相电流关系为

$$I_1 = \sqrt{3}I_P$$

（6）电能表分为单相电能表和三相电能表，接线方式分为顺入式和跳入式。

■ 课后习题

1-2-1 如图1-26所示的三相四线制系统中，每相接入一组灯泡，其等效电阻 $R = 400\ \Omega$，若线电压为 380 V，试计算：

（1）各相负载的电压和电流的大小；

（2）如果 L1 相断开，其他两相负载的电压和电流的大小；

（3）如果 L1 相发生短路，其他两相负载的电压和电流的大小；

（4）若除去中性线，重新计算（1）、（2）、（3）。

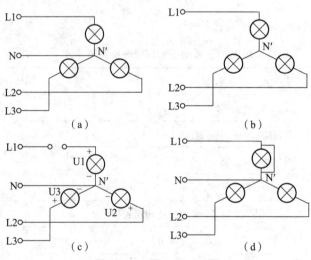

图 1-26 题 1-2-1 图

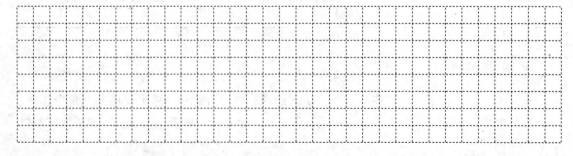

1-2-2 有三个 100 Ω 的电阻，将它们连接成星形或三角形，分别接到线电压为380 V 的对称三相电源上，如图1-27 所示。试求：线电压、相电压、线电流和相电流各是多少？

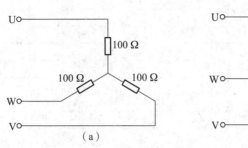

图 1-27 题 1-2-2 图

（a）星形连接；（b）三角形连接

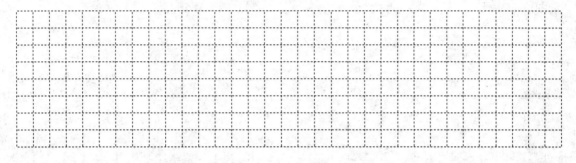

1-2-3 已知星形连接的对称三相负载，每相阻抗为 $40\angle25°$（Ω），对称三相电源的线电压为 380 V。求：负载相电流，并绘出电压、电流的相量图。

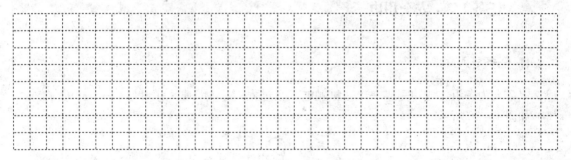

1-2-4 现要做一个 15 kW 的电阻加热炉，用三角形接法，电源线电压为 380 V，问每相的电阻值为多少？如果改用星形接法，每相电阻值又为多少？

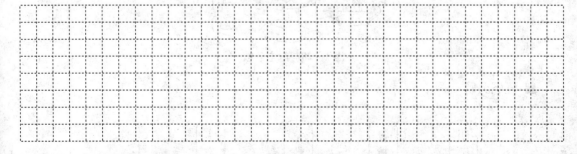

1-2-5 在对称三相电路中，负载每相阻抗 $Z =$（6 + j8） Ω，电源线电压有效值为 380 V，求三相负载的有功功率。

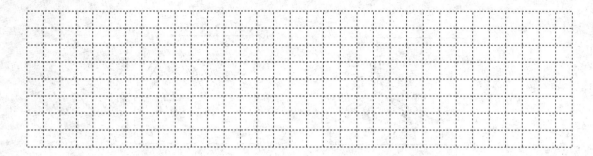

1-2-6 对称三相电阻炉作三角形连接，每相电阻为 38 Ω，接于线电压为 380 V 的对称三相电源上，试求负载相电流 I_P、线电流 I_l 和三相有功功率 P，并绘出各电压电流的相量图。

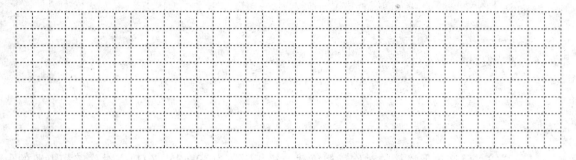

✳ 任务1.3 安全用电

■ 任务导入

以 2 人为一组，成功完成一次完整触电急救过程。一人负责人工呼吸，一人负责胸外按压，如图 1-28 所示。

图 1-28 触电急救

■ 任务分解

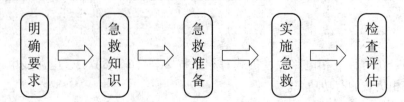

明确要求 ⟹ 急救知识 ⟹ 急救准备 ⟹ 实施急救 ⟹ 检查评估

1.3.1 触电事故及电气火灾

一、触电事故

人为什么会触电？由于人的身体能传电，大地也能传电，如果人的身体碰到带电的物体，电流就会通过人体传入大地，于是就引起触电。

根据人体受伤害的程度不同，分为电击和电伤两种。电击是指电流通过人体，使内部器官组织受到损伤。如果受害者不能迅速摆脱带电体，则最后会造成死亡事故，所以它是最危险的触电事故。电伤是指在电弧作用下或熔断丝熔断时对人体外部的伤害，如烧伤、金属溅伤等。

二、触电伤害

1）电流影响

通过人体的电流越大、时间越长，频率在 $40 \sim 60$ Hz 时感应越强烈，致命的危害就越大。

（1）感知电流：引起人的感觉的最小电流称为感知电流。实验表明：成年男性平均感知电流约为 1.1 mA，成年女性约为 0.7 mA。

（2）摆脱电流：指人体触电后能自主摆脱的最大电流。实验表明，成年男性的平均摆脱电流为 16 mA，成年女性约为 10 mA。

（3）致命电流：指在较短时间内危及生命的最小电流。实验表明，当通过人体电流达到 $30 \sim 50$ mA 时中枢神经会受到伤害，使人感觉麻痹、呼吸困难等。如果通过人体的工频电流超过 100 mA，在极短时间内人就会失去知觉而死亡。

电流对人体的影响见表 1-8。

表 1-8　电流对人体的影响

电流/mA	通电时间	生理反应
$0 \sim 0.5$	连续通电	没有感觉
$0.5 \sim 5$	连续通电	开始有感觉，手指、手腕等处有痛觉，没有痉挛，能够摆脱带电体
$5 \sim 30$	数分钟内	痉挛，不能摆脱带电体，呼吸困难，血压升高，是可以忍受的极限
$30 \sim 50$	数秒到数分	心脏跳动不规则，昏迷，血压升高，强烈痉挛，时间过长即引起心室颤动
$50 \sim$ 几百	低于心脏搏动周期	受强烈冲击，但未发生心室颤动
	超过心脏搏动周期	昏迷，心室颤动，接触部位留有电流通过的痕迹
超过数百	低于心脏搏动周期	在心脏搏动周期的特定时刻触电时，发生心室颤动，昏迷，接触部位有电流流过的痕迹
	超过心脏搏动周期	心脏停止跳动，昏迷，可能致命的电灼伤

2）人体电阻

人体电阻包括内部组织和皮肤电阻两部分。内部组织是固定不变的，且与触电电压和外部条件无关，一般为 500 Ω 左右。皮肤电阻主要由角质层决定，角质层越厚，电阻就越大。人体电阻一般为 1 500 ~ 2 000 Ω（为保险起见，通常取 800 ~ 1 200 Ω）。

影响人体电阻的因素很多，除了皮肤厚薄之外，多汗、有损伤、带有导电性粉尘等都会降低人体电阻。不同条件下人体的电阻见表 1-9。

表 1-9　不同条件下的人体电阻

接触电压/V	人体电阻/Ω			
	皮肤干燥	皮肤潮湿	皮肤湿润	浸入水中
10	7 000	5 500	1 200	600
25	5 000	2 500	1 000	500
50	4 000	2 000	875	400
100	3 000	1 500	770	375
250	1 500	1 000	650	325

3）电压的影响

电压越高，危险性就越大。人体通过 10 mA 以上的电流就会有危险。因此，要使通过人体的电流小于 10 mA，若人体电阻按 1 200 Ω 算，根据欧姆定律，$U = IR = 0.01 \times 1 200 = 12$（V）。如果电压小于 12 V，则触电电压小于 12 V，电流小于 10 mA，人体是安全的。我国规定：特别潮湿，容易导电的地方，12 V 为安全电压；如果空气干燥，条件较好，可用 24 V 或 36 V 电压。一般情况下，12 V、24 V、36 V 是安全电压的三个级别。

4）触电时间

触电时间越长，触电的危险性就越大。引起触电危险的工频电流和通过电流的时间关系可用下式表示：

$$I = \frac{165}{\sqrt{t}} \qquad （式 1-26）$$

式中，I——引起触电危险的电流（mA）；

　　　t——通电时间（s）。

我国规定 50 mA·s 为安全值，超过这个数值就会对人体造成伤害。

5）触电部位及健康状况

触电电流流过呼吸器官和神经中枢时，危害程度较大；流过心脏时，危害程度更大；流过大脑时，会使人立即昏迷；心脏病、内分泌失调、肺病、精神病患者，在同等情况下，危险程度更大些。

三、电气火灾

电气火灾是什么呢？电线不论粗细，使用过程中都会发热，电流在允许的范围内时发热较小，当电流超过一定限度时，发热也会超过一定的限度，时间一长电线绝缘外皮就会被烧坏甚至引起火灾。

1）电气火灾的原因

引发电气火灾的直接原因多种多样，如短路、过载、接触不良、电弧火花、漏电、雷击或静电等都能引起火灾，电气火灾大多是由电气工程、电器产品的质量以及管理不善等问题造成的。

2）电气火灾的预防

（1）在安装电气设备的时候必须保证质量，并应满足安全防火的各项要求。要用合格的电气设备，破损的开关、灯头和破损的电线都不能使用，电线的接头要按规定连接法牢靠连接，并用绝缘胶带包好。对接线桩头、端子的接线要拧紧螺丝，防止因接线松动而造成接触不良。

（2）不要在低压线路和开关、插座、熔断器附近放置油类、棉花、木屑及木材等易燃物品。

3）如何灭火

发生电气火灾时应首先断开火场电源（不含灭火用照明灯电源），应使用盖土、盖沙等方法，或使用灭火器，但绝不能使用泡沫灭火器，因为此种灭火剂是导电的。常用的电气灭火器材有二氧化碳灭火器、干粉灭火器等。使用灭火器时，应站在火源上风口，喷嘴对准着火点，保持安全距离喷射灭火。

1.3.2 触电方式及防护措施

一、触电方式

根据人体及带电体的方式和电流通过人体的途径，触电方式大致有以下几种，即单相触电、双相触电、跨步电压触电以及雷击。

1）单相触电

人的一部分接触带电体，另一部分与大地或者中性线相接，电流从带电体经过人体到大地形成回路，这种触电方式称为单相触电，如图 1 - 29 所示。

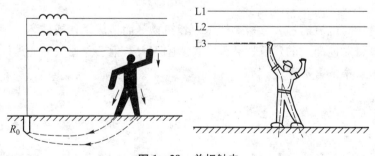

图 1 - 29 单相触电

2）双相触电

人体同时接触火线，加在人体的电压是 380 V，这种情况很危险，但是出现的可能性较小。在家庭电路中，人虽然站在绝缘体上，但人体同时触到火线和零线直接形成通路，这样也就形成了双相触电，如图 1 - 30 所示。

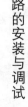

项目 1 交流电路的安装与调试

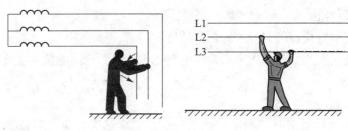

图 1 – 30　双相触电

3）跨步电压触电

所谓的"跨步电压"是指当高压电线断落在地面时，会在导线接地点及周围形成强电场，其中，接地点电位最高，距离越远电位越低。当人或牲畜跨进这个区域时，两脚跨步之间将存在一个跨步电压，使人或牲畜产生跨步电压触电。此时，应该单脚跳出距离接地点8～10 m 以上才能脱离危险，如图 1 – 31 所示。

图 1 – 31　跨步电压触电

4）雷击

雷击，指打雷时电流通过人、畜、树木、建筑物等而造成杀伤或破坏。云层之间的放电对飞行器有危害，对地面上的建筑物和人、畜影响不大，但云层对大地的放电对建筑物、电子电气设备和人、畜危害甚大。

二、防护措施

1）个人防护

初学者在用电设备和线路上带电工作时，应由有经验的电工监护，穿长袖工作服，戴安全工作帽、绝缘手套、绝缘靴和相关的防护用品（见图 1 – 32），同时还要使用绝缘用具操作，如绝缘杆、绝缘夹钳、安全带、脚扣、脚踏板等。接线时，应先接负载，然后接电源；拆线时，则应先断开电源，后拆负载。

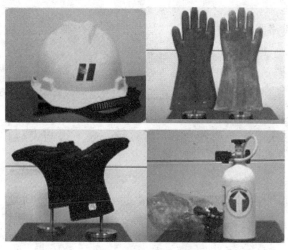

图 1 – 32　防护用品

2）预防直接触电的措施

（1）绝缘措施。

良好的绝缘是防止触电事故的重要措施，根据绝缘材料的不同，可分为气体绝缘、液体绝缘和固体绝缘。高压线在空气中裸线架设，绝缘材料为气体；三相油冷式变压器中注满了变压器油，绝缘材料为液体；在印制板上安装电子元器件，绝缘材料为固体。用各种绝缘材料将带电体隔离封闭起来的措施称为绝缘措施。

（2）屏护措施。

图 1 – 33　屏护装置

采用屏护装置将带电体与外界隔绝开来的措施称为屏护措施，如图 1 – 33 所示。例如，电器的绝缘外壳，变压器的遮拦、栅栏，与地相接的金属网罩、金属外壳等都属于屏护装置。

注意：凡是金属材料制作的屏护装置，均应妥善接地或接零。

（3）间距措施。

为防止人体或车辆触及或过分接近带电体，在带电体与人、畜之间，或带电体与带电体之间，带电体与地之间均应保持一定的安全距离。例如，导线与建筑物之间的最小距离，当线路电压为 1 000 V 以下时，垂直距离应不少于 2.5 m，水平距离不少于 1 m；当线路电压在 35 kV 时，垂直距离最小为 4 m，水平距离最小为 3 m 等。

（4）设安全标识。

在有触电危险之处，必须设有明显的安全标识，以引起警惕，防止触电事故的发生，如图 1 – 34 所示。

3）预防间接触电的措施

图 1 – 34　安全标识

（1）加强绝缘措施。

采取双重绝缘的线路或设备更加安全，这样即使工作绝缘损坏后，还有一层加强绝缘，不易造成触电。

（2）电气隔离措施。

采用隔离变压器，使电气线路和设备的带电部分处于悬浮状态，这样即使人站在地面上接触线路，也不易触电。

注意：变压器的二次电压不得超过 500 V，且一端不得与大地相连，方能保证其隔离效果。

（3）自动断电措施。

使用漏电开关、漏电保护断路器等电气设备进行自动保护，当发生触电事故时，在规定的时间内，这些保护开关或设备能自动切断电源，从而起到保护作用。

1.3.3 常见的保护接地方式

一、保护接地和保护接零

（1）保护接地：是指在电源中性点不接地的供电系统中，将电气设备的金属外壳与埋入地下并且与大地接触良好的接地装置进行可靠的电气连接，若设备漏电，外壳上的电压将通过接地装置将电流导入大地，如图 1-35 所示。

图 1-35 保护接地

这时，当人与漏电设备外壳接触时，由于人体与漏电设备并联，且人体电阻远大于接地装置对地电阻，因此，通过人体电阻的电流非常小，从而消除了触电危险。接地装置通常采用厚壁钢管或角钢，接地电阻小于 4 Ω 为宜。

（2）保护接零：在中性点接地的供电系统中，将电气设备的金属外壳与电源中性线（零线）可靠连接。如果电气设备漏电致使金属外壳带电，设备外壳与中性线之间将形成良好的电流通路。这时，若有人接触设备金属外壳，由于人体电阻远大于设备外壳与零线之间的接触电阻，通过人体的电流很小，即排除了触电危险，如图 1-36 所示。

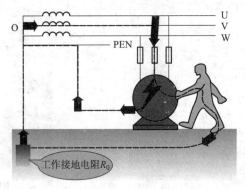

图 1-36 保护接零

采用保护接零措施后，零线绝对不准断开，所以零线上不准安装开关和熔断器。另外，为确保安全，还应将零线与接地装置可靠连接，即重复接地，此时万一零线开路，重复接地将起着把漏电电流导入大地的作用。

二、低压电网接线方式

根据国际电工委员会（IEC）第64技术委员会（TC64）规定，低压电网的接线方式有以下5种：TT、IT、TN－C、TN－C－S、TN－S。低压三相供配电系统要保证安全用电，就必须正确掌握防触电保护的方法。

接地形式分为TN、TT、IT三大类，系统特性以符号表示，字母含义为：第一个字母表示电源与地的关系："T"表示在某一点上牢固接地；"I"表示所有带电零件与地绝缘或某一点经阻抗接地。第二个字母表示电气设备外壳与地的关系："T"表示外壳牢固接地，且与电源接地无关；"N"表示外壳牢固地接到系统接地点。其后的字母表示电网中中性线与保护线的组合方式："C"表示中线与保护线是合一的（PEN线）；"S"表示中性线与保护线是分开的。

1）TN系统

TN系统的电源端有一个直接接地点，并引出N线，属三相四线制系统。系统中用电设备外壳通过保护线与该点直接连接，俗称保护接零。按照系统中中性线与保护线的不同组合方式，又分为以下三种形式。

（1）TN—C系统。

整个系统的中性线与保护线是合一的，称为TN—C系统，如图1－37所示。由于投资较少，又节约导电材料，因此过去其在我国应用比较普遍。

当三相负荷不平衡或只有单相用电设备时，PEN线上有正常负荷电流流过，在PEN线上产生的压降呈现在用电设备外壳上，使其带电位，对地呈现电压。正常工作时，这种电压视情况为几伏到几十伏，低于安全电压50V，但当发生PEN线断或相对地短路故障时，对地电压

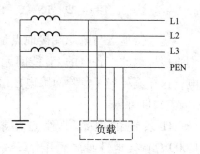

图1－37　TN－C系统

大于安全电压，使触电危险加大。同时，同一系统内PEN线是相通的，故障电压会沿PEN线传至其他未发生故障处，可能会引起新的电气故障。另外，由于该系统全部用PEN线做设备接地，故无法实现电气隔离，不能保证电气检修人员的人身安全，在国际上基本不被采用，名存实亡。

（2）TN—S系统。

整个系统的中性线与保护线是分开的，称为TN—S系统，如图1－38所示。这种系统的优点在于PE线在正常情况下不通过负荷电流，它只在发生接地故障时才带电位，因此不会对接地PE线上其他设备产生电磁干扰，所以这种系统适用于数据处理、精密检测装置等。

在N线断线也不会影响PE线上设备的防止间接触电安全，这种系统多用于环境条件较差、对安全可靠性要求较高

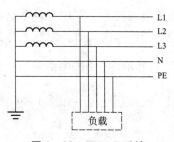

图1－38　TN－S系统

及设备对电磁干扰要求较严的场所。但是这种系统不能解决对地故障电压蔓延和相对地短路引起中性点电位升高等问题。

（3）TN－C－S系统。

系统中的中性线与保护线先是合一的，然后又分开，称为TN－C－S系统，如图1－39所示。PEN分为PE线和N线后，不能再与PE线合并或互换，否则它们是TN－C系统。

这种系统兼有TN－C系统和TN－S系统的特点，电源线路结构简单，又保证了一定的安全水平，常用于配电系统末端环境条件较差或有数据处理等设备的场所，因PE线带有前端PEN线上某种程度的电压，这样设备外壳就带上了电压，故人体接触后就有被电击的可能。

2）TT系统

TT系统的电源端有一个直接接地点，也引出N线，属三相四线制系统，如图1－40所示。系统中用电设备外壳与地做直接的电气连接，俗称保护接地。

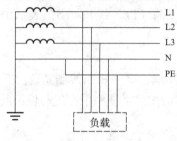

图1－39　TN－C－S系统

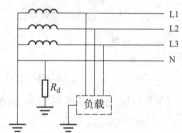

图1－40　TT系统

这个接地点与电源端接地点是没有的，该系统由于所有设备的外壳是经各自的PE线分别直接接地的，各自的PE线间无电磁联系，因此也适用于对数据处理、精密检测装置等供电，这样就杜绝了危险故障电压沿PE线传到其他未发生故障处。

3）IT系统

IT系统的电源中性点不接地或经阻抗（约1 000 Ω）接地且通常不引出N线，该系统是三相三线制系统，习惯称为不接地系统，如图1－41所示。系统中的用电设备外壳与地做直接的电气连接。用电设备外壳经各自的PE线直接接地，PE线间无电磁联系，适用于数据处理、精密检测装置等。

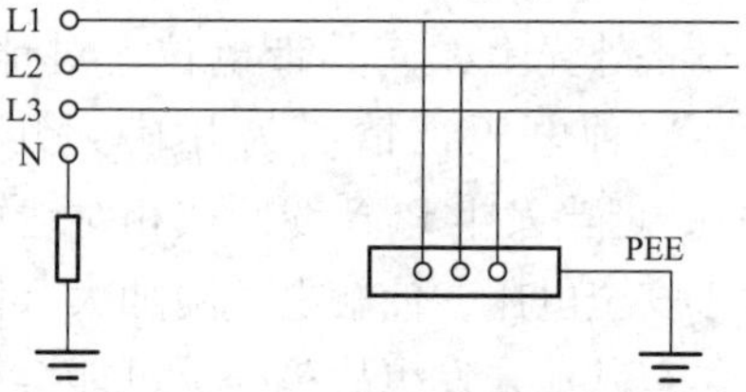

图1－41　TT系统

当发生单相接地故障时，所有三相用电设备仍可暂时继续运行，另两相对地电压将由相电压升高到线电压。当接地电流大于发生电弧的最小燃弧电流时，会对用电设备造成火灾等危险，人触及会造成人身事故。因此对IT系统来说，应装绝缘监察装置，以此来达到保护设备和人身安全的目的。

1.3.4　安全用电符号

安全用电等号如图1－42所示，其颜色、含义及用途见表1－10。

禁止断开

禁止触摸

禁止进入访问

禁止通行

禁止饮用

禁止明火

禁止用水灭火

禁止堆放

必须佩戴安全帽

必须戴耳塞

必须戴防护眼镜

必须戴防毒面具

当心触电

当心高空坠物

当心易燃物品

当心有毒

当心电磁辐射

当心电池泄露

当心激光

当心磁场

有毒物品

有害物质

当心氧化

当心腐蚀

急救

指示符号

医生

担架

图 1 -42　安全用电符号

项目 1　交流电路的安装与调试

表 1-10 安全用电符号的颜色、含义及用途

颜色	含义	用途
红色	禁止	禁止标志、禁止通行
	停止	停止信号、机器和车辆上紧急停止按钮及禁止触动的部位
	消防	消防器材及灭火
	信号灯	电路处于通电状态
蓝色	指令	指令标志
	强制执行	必须戴安全帽，必须戴绝缘手套，必须穿绝缘胶鞋
黄色	警告	警告标志，警戒标志，当心触电
	注意	注意安全，安全帽
绿色	提供信息	提供标志，启动按钮，已接地，在此工作
	安全	安全标志，安全信号旗
	通行	通行标志，从此上下
黑色	图形、文字	警告标志的几何图形，书写警告文字

■ 任务实施

1.3.5 触电急救

一、触电急救的基本知识

触电急救的基本知识见表 1-11。

表 1-11 触电急救的基本知识

急救方法	实施方法	图示
使接触者迅速脱离电源	（1）出事附近有电源开关或插座时，应立即拉闸或拔掉电源插头。 （2）如一时无法找到并断开电源的开关时，应迅速用绝缘工具或干燥的竹竿、木棒等将电线移掉，必要时可用绝缘工具切断电线，以断开电源	
简单诊断	（1）将脱离电源的触电者迅速移到通风、干燥处，将其仰卧，将上衣和裤带放松。 （2）观察瞳孔是否放大，当处于假死状态时，大脑细胞严重缺氧，处于死亡的边缘，瞳孔就自行扩大。 （3）观察触电者是否有呼吸存在，摸一摸颈部动脉有无搏动	正常 瞳孔放大

急救方法	实施方法	图示
对"有心跳而呼吸停止"的触电者,应采用"口对口人工呼吸法"进行急救	将触电者仰卧,解开衣领和裤带,然后将触电者头偏向一侧,张开其嘴,用手清除口腔中的假牙、血块等异物,使呼吸道顺畅	清理口腔阻塞
	抢救者在病人的一边,使触电者的鼻孔朝天、头后仰	鼻孔朝天头后仰
	用一只手捏住触电者的鼻子,另一只手托在触电者颈后,将颈部上抬,深深吸一口气,用嘴紧贴触电者的嘴,大口吹气	贴嘴吹气胸扩张
	放松捏鼻子的手,让气体从触电者肺部排出,如此反复进行,每5 s吹气一次,坚持连续进行,不可间断,直到触电者苏醒为止	放开嘴鼻好换气
对"有呼吸而心跳停止"的触电者,应采用"胸外心脏按压法"进行急救	将触电者仰卧在硬板或地上,颈部枕垫软物使头稍后仰,松开衣服和裤带,急救者跪跨在触电者腰部	
	急救者将右手掌跟部按于触电者胸骨下二分之一处,中指指尖对准其颈部凹陷的下缘,左手掌复压在右手背上	
	掌跟用力下压3~4 cm	
	突然放松,挤压与放松的动作要有节奏,每秒钟进行一次,必须坚持连续进行,不可中断,直到触电者苏醒为止	

项目 1 交流电路的安装与调试

续表

急救方法	实施方法	图示
对"有呼吸而心跳停止"的触电者,应采用"胸外心脏按压法"进行急救	一人急救:两种方法应交替进行,即吹气 2~3 次,在挤压心脏 10~15 次,且速度都应快些	
	两人急救:每 5s 吹气一次,每秒钟挤压一次,两个同时进行	

二、急救准备

急救器材见表 1 - 12。

表 1 - 12　急救器材

序号	器材	规格
1	模拟人	
2	一次性口罩	
3	急救模拟设备	

三、实施急救评分

实施急救评分见表 1 - 13。

表 1 - 13　实施急救评分

项目	分值	评分规则	得分
单人人工呼吸 20 次	20	姿势正确,吹气不足扣 1 分/次,吹气过大扣 1 分/次	
胸外按压 20 次	20	姿势正确,按压位置错误扣 1 分,按压力度不够扣 1 分	
同时进行人工呼吸和胸外按压	60	姿势正确,吹气和按下次数不正确一次扣 1 分,按下力度不够扣 1 分,吹气不正确扣 1 分	

■ **总结回顾**

本任务主要让同学们了解触电事故和电气火灾的危害性，了解安全用电的基本知识，掌握常见的低压电网接线方式，掌握触电急救的基本操作。

■ **课后习题**

1-3-1 常见的触电方式有哪些？

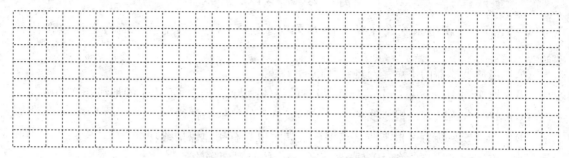

1-3-2 常见的接地保护方式有哪些？

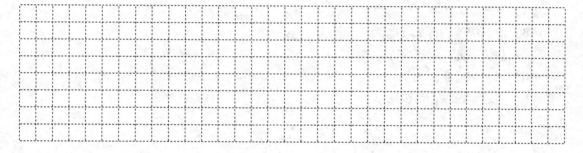

1-3-3 发现有人触电应如何抢救？在抢救时应注意什么？

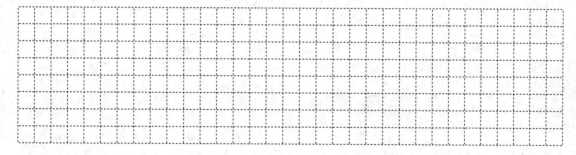

1-3-4 一位发生事故的员工失血严重，您想帮助他，那么在什么情况下可以让他以图1-43所示的姿势躺着？

（A）昏迷

（B）大腿骨折

（C）呼吸停止

（D）休克

（E）中毒

项目 1 交流电路的安装与调试

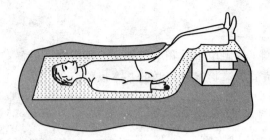

图1-43 题1-3-4图

1-3-5 一供电系统设计成 TN-S 配电系统。TN-S 系统这个简写名称包含什么意思？

（A） 电源变压器的零点是对地绝缘的

（B） 连接到 TN-S 系统上的器件/设备的壳体是与工作接地不相干的地线相连的

（C） TN-S 系统有一根零线和一根与零线分开的接地保护线

（D） TN-S 系统有一根零线，这根零线同时也具有接地保护线功能

（E） 连接到 TN-S 系统上的器件/设备的壳体是对地绝缘的

1-3-6 "急救人员"在事故地点必须开展哪些救护举措（连锁救护）？

（A） 急救、救护服务，打急救电话

（B） 应急措施，打急救电话，急救

（C） 救护服务，运送病人，急救

（D） 仅采取应急措施

（E） 叫急救医生，送医院

项目 2

三相异步电动机点动和连续运行控制线路的安装与调试

✓ 项目介绍

在生产实际中，电动葫芦的起重电动机、机床刀架的快速移动等是通过点动控制方式运行的，机床的主轴电动机、冷却泵电动机等是通过连续控制方式运行的，而某些生产机械，要求既能正常启动连续运转，又能点动调整位置。这些都是基于什么原理呢？主要是基于电动机点动和连续控制的原理。本项目要求同学们明确控制要求，并能对电气原理图进行识读，最后根据电气原理图进行安装与调试。通过本项目的学习，希望能有以下收获。

✓ 学有所获

■ 知识目标

（1）掌握电动机点动和连续运行的控制原理。
（2）掌握电动机点动控制电气原理图的识读。
（3）掌握电动机连续运行控制电气原理图的识读。
（4）了解常用电工工具的使用规范。

■ 能力目标

（1）能熟练使用常用电工工具。
（2）能熟练对电动机的点动控制进行设计、接线与调试。
（3）能熟练对电动机的连续控制进行设计、安装与调试。
（4）能够解决电动机点动和连续运行接线中出现的故障。

✿ 任务 2.1　电动机点动控制线路安装与调试

■ 任务导入

电动葫芦起重机的一个工作循环包括：取物装置从取物地把物品提起，然后水平移动到

指定地点放下物品，接着进行反向运动，使取物装置返回原位，以便进行下一次循环。按下点动（上下）按钮后，吊钩带动物品做竖直运动；按下点动（左右）按钮后，吊钩带动物品做水平运动。如图2-1所示，请根据该控制要求设计电动机点动控制电气原理图并完成电气安装与调试。

图2-1　电动葫芦起重机外形结构

■ **任务分解**

■ **资讯**

2.1.1　刀开关

刀开关又称闸刀开关，是结构最简单、应用最广泛的一种手控电器。刀开关在低压电路中用于不频繁地接通和分断电路，或用于隔离电路与电源，故又称"隔离开关"。

一、刀开关的分类

刀开关按极数分有单极、双极和三极；按结构分有平板式和条架式；按操作方式分有直接手柄操作式、杠杆操作机构式、旋转操作式和电动操作机构式。除特殊的大电流刀开关有些采用电动操作方式外，其他的都采用手动操作。

二、刀开关的结构和安装

刀开关由绝缘底板、静插座、手柄、触刀和铰链支座等部分组成，其外形如图2-2所示。推动手柄使触刀绕铰链支座转动，就可将触刀插入静插座内，电路就被接通。若使触刀绕铰链支座做反向转动，脱离插座，电路就被切断。

刀开关在分断有负载的电路时，其触刀与插座之间会产生电弧。为此采用速断刀刃的结构，使触刀迅速拉开，加快分断速度，保护触刀不被电弧所灼伤。对于大电流刀开关，为了防止各极之间发生电弧闪烁，导致电源相间短路，刀开关各极间设有绝缘隔板，有的设灭弧罩。

图2-2 刀开关的外形

刀开关应垂直安装在开关板上，使静插座位于上方，应将电源进线接在静插座上，用电设备应接在动触点一边的出线端，这样刀开关断开时，闸刀和熔丝均不带电，以保证更换熔丝时的安全。如果静插座位于下方，则当刀开关打开时，如果支座松动，闸刀在自重的作用下向下掉落而发生误动作，会造成严重事故。

刀开关用于隔离电源时，合闸顺序是先合上刀开关，再合上其他用以控制负载的开关，分闸顺序则相反。

三、刀开关的符号

刀开关的图形和文字符号如图2-3所示。

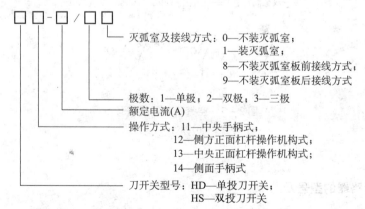

（a）　　　　（b）　　　　（c）

图2-3 刀开关的图形和文字符号

（a）单极；（b）双极；（c）三极

四、刀开关的型号含义

$$\boxed{\square\square}-\boxed{\square}/\boxed{\square\square}$$

灭弧室及接线方式：0—不装灭弧室；
　　　　　　　　　　1—装灭弧室；
　　　　　　　　　　8—不装灭弧室板前接线方式；
　　　　　　　　　　9—不装灭弧室板后接线方式
极数：1—单极；2—双极；3—三极
额定电流（A）
操作方式：11—中央手柄式；
　　　　　12—侧方正面杠杆操作机式；
　　　　　13—中央正面杠杆操作机式；
　　　　　14—侧面手柄式
刀开关型号：HD—单投刀开关；
　　　　　　HS—双投刀开关

例如：HD13-500/31，表示单投刀开关（两个接线点，一进一出），中央正面杠杆操作机构式，额定电流500 A，三极（通断三相电源线），带有灭弧罩或灭弧室。

五、刀开关的选用原则

刀开关的主要功能是隔离电源。在满足隔离功能要求的前提下，选用的主要原则是保证

其额定绝缘电压和额定工作电压不低于线路的相应数据，额定工作电流不小于线路的计算电流。

2.1.2 空气断路器

空气断路器，也称空气开关，是一种常用的低压保护电器，当线路发生短路、过载、欠压时，它能自动跳闸，切断电源，从而有效地保护设备免受损坏或防止事故扩大。

一、空气断路器的结构及符号

空气断路器的结构及符号如图 2-4 和图 2-5 所示。

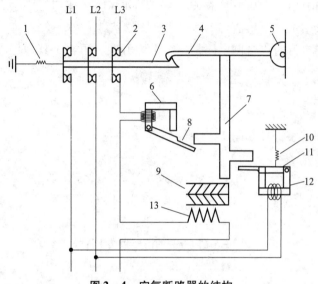

图 2-4　空气断路器的结构

1，10—弹簧；2—主触头；3—锁链；4—搭钩；5—轴；6—电磁脱扣器；7—杠杆；8，11—衔铁；
9—双金属片；12—欠电压脱扣器；13—发热元件

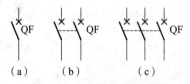

图 2-5　空气断路器的符号

(a) 单极；(b) 双极；(c) 三极

二、空气断路器的型号及选择

空气断路器中有两种脱扣器，一种是过电流脱扣器（又称延时脱扣器），由双金属片机构组成，用于过载保护，有 A、B 两种系列；另一种是瞬时脱扣器，由电磁机构组成，用于短路瞬时保护，有 C、D 两种系列。其中，C、D 系列应用较多，两个系列的短路动作电流分别是额定电流的 5~10 倍和 10~14 倍。C 系列适用于过载能力差的照明电路，一旦发生短路故障，尽可能优先跳闸，以降低损失。D 系列适用于过载能力强的动力配电系统，如机械设备、电动机等。动力配电系统的启动电流可达正常工作电流的 4～8 倍，如果用 C 系列断路器，启动瞬间就满足了短路跳闸的条件，这样将会引起断路器的误动作。

空气断路器的选择依据是额定电流，目前照明电路使用 DZ 系列的空气断路器，常见的有 C16、C25、C32、C40、C60、C80、C100、C120 等型号。动力配电系统常见的型号有 D20、D32、D50、D63、D80、D100、D125、D160、D250、D400、D600、D800、D1000 等（单位 A）。

例如，小型断路器 DZ47－63 D40，DZ：塑料外壳式断路器；47：设计代号；63：壳架等级额定电流最大 63A；D：D 系列（动力配电）；40：额定电流 40A，是指断路器的脱扣电流，即起跳电流。DZ47－63 的额定电流包括 5A、10A、16A（15A）、20A、25A、32A（30A）、40A、50A、60A（63A）。

额定电流如果选择偏小，则断路器易频繁跳闸，引起不必要的停电；如果选择过大，则达不到预期的保护效果。对于照明电路，可按负载电流的 1.1 倍选择；对于动力配电系统，可按负荷电流的 1.25～1.4 倍选择；对于混合负荷，可按负荷电流的 1.15～1.25 倍选择。

2.1.3　接触器

接触器是一种适用于在低压配电系统中远距离控制，频繁操作交、直流主电路及大容量控制电路的自动控制开关电器，主要应用于自动控制交、直流电动机，电热设备，电容器组等，应用十分广泛。

接触器具有强大的执行机构、大容量的主触点及迅速熄灭电弧的能力。当系统发生故障时，能根据故障检测元件所给出的动作信号，迅速、可靠地切断电源，并有低压释放功能。与保护电器组合可构成各种电磁启动器，用于电动机的控制及保护。

接触器的分类有几种不同的方式，如按操作方式分，有电磁接触器、气动接触器和电磁气动接触器；按灭弧介质分，有空气电磁式接触器、油浸式接触器和真空接触器等；按主触点控制的电流种类分，又有交流接触器、直流接触器、切换电容接触器等。另外还有建筑用接触器、机械联锁（可逆）接触器和智能化接触器等。建筑用接触器的外形结构与模数化小型断路器类似，可与模数化小型断路器一起安装在标准导轨上。其中应用最广泛的是空气电磁式交流接触器和空气电磁式直流接触器，习惯上简称为交流接触器和直流接触器。

以下以交流接触器为例来介绍接触器的相关知识。

一、交流接触器的外形结构与符号

交流接触器的外形结构和符号如图 2－6 所示。

二、交流接触器的组成及动作原理

1）交流接触器的组成

（1）电磁机构

电磁机构用来操作触点的闭合和分断，它由静铁芯、线圈和动铁芯（衔铁）三部分组成。交流接触器的电磁系统有两种基本类型，即衔铁做绕轴运动的拍合式电磁系统和衔铁做直线运动的直线运动式电磁系统。交流电磁铁的线圈一般采用电压线圈（直接并联在电源电压上的具有较高阻抗的线圈）通以单相交流电，为减少交变磁场在铁芯中产生的涡流与

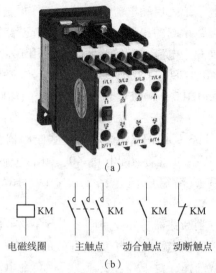

（a）

电磁线圈　　主触点　　动合触点　动断触点

（b）

图2-6　交流接触器的外形结构和符号

（a）交流接触器的外形结构；（b）交流接触器的符号

磁滞损耗，防止铁芯过热，其铁芯一般用硅钢片叠铆而成。因交流接触器励磁线圈电阻较小（主要由感抗限制线圈电流），故铜损引起的发热不多，为了增加铁芯的散热面积，线圈一般做成短而粗的圆筒形。

（2）主触点和灭弧装置

主触点用以通断电流较大的主电路，一般由接触面积较大的常开触点组成。交流接触器在分断大电流电路时，往往会在动、静触点之间产生很强的电弧，因此，容量较大（20 A以上）的交流接触器均装有灭弧罩，有的还有栅片或磁吹灭弧装置。

（3）辅助触点

辅助触点用以通断小电流的控制电路，它由常开触点和常闭触点成对组成。辅助触点不装设灭弧装置，所以它不能用来分合主电路。

（4）反力装置

由释放弹簧和触点弹簧组成，且它们均不能进行弹簧松紧的调节。

（5）支架和底座

用于接触器的固定和安装。

2）交流接触器的动作原理

当交流接触器线圈通电后，在铁芯中产生磁通，由此在衔铁气隙处产生吸力，使衔铁产生闭合动作，主触点在衔铁的带动下也闭合，于是接通了主电路。同时衔铁还带动辅助触点动作，使原来打开的辅助触点闭合，并使原来闭合的辅助触点打开。当线圈断电或电压显著降低时，吸力消失或减弱，衔铁在释放弹簧的作用下打开，主、副触点又恢复到原来状态。

交流接触器动作原理如图2-7所示。

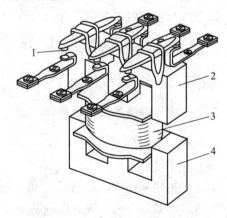

图2-7　交流接触器动作原理图

1—主触点；2—动铁芯；3—电磁线圈；4—静铁芯

3）接触器的型号含义

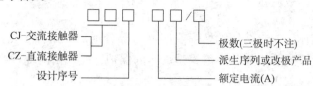

CJ-交流接触器
CZ-直流接触器
设计序号
极数(三极时不注)
派生序列或改极产品
额定电流(A)

目前我国常用的交流接触器主要有 CJ20、CJXI、CJXZ、CJ12 和 CJ10 等系列，引进产品应用较多的有德国 BBC 公司制造技术生产的 B 系列、德国 SIEMENS 公司的 3TB 系列、法国 TE 公司的 LCI 系列等。

例如：CJX1－16/22 220V，CJ：交流接触器；X：小型；1：设计序号；16 表示额定工作电流 16 A；22 表示两对常开辅助触点 2NO，一般是标注尾号为 3 和 4 的触点，例如 23 和 24，两对常闭辅助触点 2NC，标注尾号是 1 和 2 的触点，例如 11 和 12；220V 是指接触器线圈的工作电压是 220 V。

CJ10－20，CJ：交流接触器；10：设计序号；20：主触点额定工作电流 20A。

4）交流接触器的选择

（1）接触器的类型选择：根据接触器所控制的负载性质来选择接触器的类型。

（2）额定电压的选择：接触器的额定电压应大于或等于负载回路的电压。

（3）额定电流的选择：接触器的额定电流应大于或等于被控回路的额定电流。

对于电动机负载可按下列经验公式计算：

$$I_c = P_N \times 10^3 / KU_N \qquad \text{（式 2－1）}$$

式中，I_c——接触器主触点电流，单位为 A；

P_N——电动机的额定功率，单位为 kW；

U_N——电动机的额定电压，单位为 V；

K——经验系数，一般取 1～1.4。

选择接触器的额定电流应大于 I_c，也可查手册根据其技术数据确定。接触器如使用于频繁启动、制动和正反转的场合，一般其额定电流降一个等级来选用，即额定电流为 40 A 的主触点当 20 A 的使用，因为要考虑频繁操作、制动和正反转引起的冲击电流比正常工作电流大很多。

（4）接触器线圈的额定电压选择：接触器线圈的额定电压应与所接控制电路的电压相一致。

（5）接触器的触点数量、种类选择：触点数量和种类应满足主电路和控制线路的要求。

2.1.4 熔断器

熔断器是一种应用广泛、简单而有效的保护电器。在使用中，熔断器中的熔体（也称为保险丝）串联在被保护的电路中，如果通过熔体的电流达到或超过了某一值，则在熔体上产生的热量便会使其温度升高到熔体的熔点，导致熔体自行熔断，达到保护的目的。

熔断器熔体中的电流为熔体的额定电流（长时间通过熔体而熔体不熔断的最大电流）时，熔体长期不熔断；当电路发生严重过载时，熔体在较短时间内熔断；当电路发生短路时，熔体能在瞬间熔断。熔体的这个特性称为反时限保护特性，即电流为额定值时长期不熔断，过载电流或短路电流越大，熔断时间越短。由于熔断器对过载反应不灵敏，故不宜用于过载保护，主要用于短路保护。

一、熔断器的结构及符号

熔断器主要由熔体和安装熔体的熔管或熔座两部分组成。熔体由熔点较低的材料如铅、锌、锡及铅锡合金做成丝状或片状。熔管是熔体的保护外壳，由陶瓷、绝缘刚纸或玻璃纤维制成，在熔体熔断时兼起灭弧作用。

常用的熔断器有瓷插式和螺旋式两种，它们的外形结构如图2-8所示。

图2-8 熔断器外形结构

（a）瓷插式熔断器；（b）螺旋式熔断器

熔断器的文字符号是 FU，电气符号为 ——▭—— 。

二、熔断器的选择

熔断器的选择主要是选择熔断器的种类、额定电压、额定电流和熔体的额定电流等。熔断器的种类主要由电气控制系统整体设计时确定，其额定电压应大于或等于实际电路的工作电压，额定电流应大于或等于熔体的额定电流。因此，确定熔体电流是选择熔断器的主要任务，具体有下列几条原则：

（1）对于照明线路或电阻炉等没有冲击性电流的负载，熔体的额定电流（I_{fN}）应大于或等于电路的工作电流（I_e），即 $I_{fN} \geq I_e$。

（2）保护一台异步电动机时，应考虑电动机冲击电流的影响，熔体的额定电流按下式计算：

$$I_{fN} \geq (1.5 - 2.5) I_N$$

式中，I_N——电动机的额定电流。

（3）保护多台异步电动机时，若各台电动机不同时启动，则应按下式计算：

$$I_{fN} \geq (1.5 - 2.5) I_{Nmax} + \sum I_N \qquad （式2-2）$$

式中，I_{Nmax}——容量最大的一台电动机的额定电流；

$\sum I_N$——其余电动机额定电流的总和。

三、熔断器的型号含义

熔断器的型号含义如下：

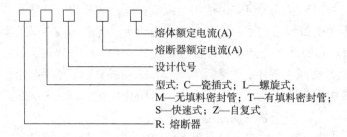

熔体额定电流(A)

熔断器额定电流(A)

设计代号

型式：C—瓷插式；L—螺旋式；
M—无填料密封管；T—有填料密封管；
S—快速式；Z—自复式

R: 熔断器

例如：RC1A-15/10，表示瓷插式熔断器，设计序号为1A，熔断器额定电流15 A，熔体额定电流10A。RL1-15/6，表示螺旋式熔断器，设计序号为1，熔断器额定电流15 A，熔体额定电流8A。RT0-400/300，表示有填料密封管式熔断器，设计序号为0，熔断器额定电流400 A，熔体额定电流300 A。

2.1.5　按钮

按钮是一种典型的主令电器，是常用来接通或断开控制电路（其中电流很小），从而达到控制电动机或其他电气设备运行目的的一种开关。按钮的外形及符号如图2-9所示。

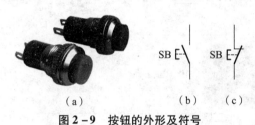

（a）　　　　　　（b）　　　（c）

图2-9　按钮的外形及符号

（a）按钮外形；（b）常开按钮；（c）常闭按钮

一、按钮的动作原理

按钮由按键、可动触点、固定触点、复位弹簧和按钮壳组成。固定触点两端是电路中的两个接线端。

启动按钮为常开触点，按键被按下前，电路是断开的，按键被按下后，克服弹簧力带动可动触点运动，常开触点被连通，电路也被接通；松开按键，弹簧回位，按钮恢复到断开状态。启动按钮一般用绿色按钮。

停止按钮为常闭触点，按键被按下前，触点是闭合的，按键被按下后，克服弹簧力带动可动触点运动，常闭触点被断开，电路也被分断；松开按键，弹簧回位，按钮恢复到闭合状态。停止按钮一般用红色按钮。

二、按钮的型号含义

按钮的型号含义如下：

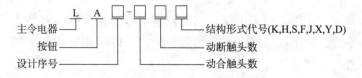

主令电器

按钮

设计序号

结构形式代号(K,H,S,F,J,X,Y,D)

动断触头数

动合触头数

在结构形式代号，K 表示开启式，适用于嵌装在操作面板上；H 表示保护式，带保护外壳，可防止内部零件受机械损伤或人偶然触及带电部分；S 表示防水式，具有密封外壳，防止雨水浸入；F 表示防腐式，能防止腐蚀性气体进入；J 表示紧急式，带有红色大蘑菇钮头（凸出在外），作紧急切断电源用；X 表示旋钮式，用旋钮旋转进行操作，有通和断两个位置；Y 表示钥匙操作式，用钥匙插入进行操作，可防止误操作或供专人操作；D 表示光标按钮，按钮内装有信号灯，用于紧急切断电源。

例如：LA19 – 11D，表示按钮，设计序号为 19，常开、常闭触点各一对，有信号灯指示。LA20 – 11J，表示按钮，设计序号 20，常开、常闭触点各一对，紧急式。

由空气断路器、接触器、熔断器、按钮、负载等构成的常见低压电器接线示意图如图 2 – 10 所示。

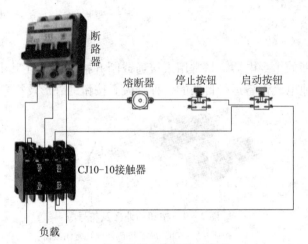

图 2 – 10   低压电器接线示意图

2.1.6   电动机的分类及铭牌识读

一、电动机的分类

电动机是把电能转换成机械能的一种设备，它是利用通电线圈产生旋转磁场并作用于转子形成磁电动力旋转扭矩，通过电动机输出轴输出动力。电动机按工作电源种类划分，有直流电动机和交流电动机。直流电动机按结构及工作原理划分，有无刷直流电动机和有刷直流电动机。交流电动机可分为同步电动机和异步电动机。同步电动机可分为永磁同步电动机、磁阻同步电动机和磁滞同步电动机。异步电动机可分为感应电动机和交流换向器电动机。感应电动机又分为三相异步电动机、单相异步电动机和罩极异步电动机等。工业生产中应用最广泛的就是三相异步电动机。

二、三相异步电动机的铭牌

铭牌又称标牌，主要用来记载生产厂家及额定工作情况下的一些技术数据，是选择、安装、使用和修理电动机的重要依据。以三相异步电动机为例，铭牌的主要内容如图 2 – 11 所示。

三相异步电动机			
型号Y-112-M-4		编号	
4.0 kW		8.8 A	
380 V	1440 r/min	LW82dB	
接法△	防护等级IP44	50 Hz	45 kg
标准编号	工作制SI	B级绝缘	年 月
××电机厂			

图2-11 三相异步电动机铭牌

1）型号（Y-112-M-4）

Y为电动机的系列代号，是指全封闭自冷式鼠笼型三相异步电动机，112为机座底平面至输出转轴的中心高度（mm），M为机座类别（L为长机座，M为中机座，S为短机座），4为磁极数。

2）额定功率（4.0 kW）

额定功率是指电动机在额定工况（额定电压、额定频率）下运行时，转轴上输出的机械功率，用P_N表示，以千瓦（kW）或瓦（W）为单位。

3）额定电压（380 V）

额定电压是指接到电动机绕组上的线电压，用U_N表示。三相电动机要求所接的电源电压值的变动一般不应超过额定电压的±5%。电压过高，电动机容易烧毁；电压过低，电动机难以启动，即使启动后电动机也可能带不动负载，容易烧坏。

4）额定电流（8.8 A）

额定电流是指三相电动机在额定电源电压下，输出额定功率时，流入定子绕组的线电流，用I_N表示，以安（A）为单位。若超过额定电流过载运行，三相电动机就会过热乃至烧毁。三相异步电动机的额定功率与其他额定数据之间有以下关系式：

$$P_N = \sqrt{3} U_N I_N \cos\varphi_N \eta_N \qquad (式2-3)$$

式中，$\cos\varphi_N$——功率因数，一般为0.7~0.9；

η_N——额定效率，一般为75%~92%。

5）额定频率（50 Hz）

额定频率是指电动机所接的交流电源每秒钟内周期变化的次数，用f_N表示。我国规定，标准电源频率为50 Hz。

6）额定转速（1 440 r/min）

额定转速表示三相电动机在额定工作情况下运行时每分钟的转速，用n_N表示，一般略小于对应的同步转速n_1。如$n_1 = 1\,500$ r/min，则$n_N = 1\,440$ r/min。

7）绝缘等级（B级）

绝缘等级是指三相电动机所采用的绝缘材料的耐热能力，它表明三相电动机允许的最高工作温度，其与电动机绝缘材料所能承受的温度有关。A级绝缘为105℃，E级绝缘为120℃，B级绝缘为130℃，F级绝缘为155℃，H级绝缘为180℃。

8）接法（△）

三相电动机定子绕组的连接方法有星形（Y）和三角形（△）两种。定子绕组只能按规定方法连接，不能任意改变接法，否则会损坏三相电动机。

9）防护等级（IP44）

防护等级表示三相电动机外壳的防护等级，其中 IP 是防护等级标志符号，其后面的两位数字分别表示电动机防固体和防水能力。数字越大，防护能力越强，如 IP44 中第一位数字"4"表示电动机能防止直径或厚度大于 1 mm 的固体进入电动机内壳，第二位数字"4"表示能承受任何方向的溅水。

10）噪声等级（LW82dB）

在规定安装条件下，电动机运行时噪声不得大于铭牌值。

11）工作制（S1）

电动机的工作制表明电动机在不同负载下的允许循环时间，共分为 10 类，即 S1～S10。S1 为连续工作制，S2 为短时工作制，S3 为断续周期工作制，S4 为启动的断续周期工作制，S5 为电制动的断续周期工作制，S6 为连续周期工作制，S7 为电制动的连续周期工作制，S8 为变速变负载的连续周期工作制，S9 为负载和转速非周期性变化工作制，S10 为离散恒定负载工作制。

2.1.7　常用电工工具的使用

一、验电器

验电器是检验导线和电气设备是否带电的一种常用检测工具，分为低压验电器和高压验电器两种。低压验电笔是电工常用的一种辅助安全用具，用于检查 500 V 以下导体或各种用电设备的外壳是否带电。一支普通的低压验电笔，可随身携带，只要掌握验电笔的原理，结合熟知的电工原理，即可达到灵活运用。

目前，低压验电笔通常有氖管式验电笔和数字式验电笔两种。下面以实际应用较广泛的氖管式验电笔为例，讲解其具体应用。

氖管式验电笔利用电容电流经氖管灯泡发光的原理制成，故也称发光型验电笔。氖管式验电笔由笔尖、降压电阻、氖管、弹簧和笔尾金属体等部分组成，其外形及组成如图 2－12 所示。

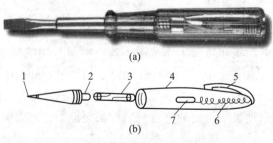

(a)

(b)

图 2－12　氖管式验电笔

（a）氖管式验电笔外形；（b）氖管式验电笔组成

1—笔尖的金属体；2—电阻；3—氖管；4—笔身；5—笔尾的金属体；6—弹簧；7—小窗

使用氖管式验电笔时，必须按照图 2 - 13 所示的握法操作，即手指必须接触笔尾的金属体或测电笔顶部的金属螺钉。只要带电体与大地之间的电位差超过 50V，电笔中氖泡就会发光。

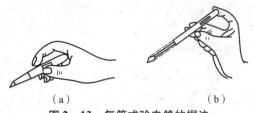

图 2 - 13　氖管式验电笔的握法

（a）钢笔式握法；（b）螺丝刀式握法

氖管式验电笔在使用中需注意以下几点：

（1）使用前应在确认有电的设备上进行试验，确认验电笔良好后方可进行验电。在强光下验电时，应采取遮挡措施，以防误判断。

（2）验电笔可区分相线和地线，接触电线时，使氖管发光的线是相线，氖管不亮的线为地线或中性线。

（3）验电笔可区分交流电和直流电。使氖管式验电笔氖管两极发光的是交流电，一极发光的是直流电，氖管的前端指验电笔笔尖一端，氖管的后端指手握的一端，前端明亮为负极，反之为正极。

（4）验电笔还可以判断电压的高低。如果氖管灯光发亮至黄红色，则电压较高；如氖管发暗微亮至暗红色，则电压较低。

（5）判断交流电的同相和异相。两手各持一支验电笔，站在绝缘体上，将两支笔同时触及待测的两条导线，如果两支验电笔的氖泡均不太亮，则表明两条导线是同相；若发出很亮的光，说明是异相。

值得注意的是，不得随便拔掉或损坏验电笔工作触头金属部位的绝缘套保护管，防止在测量电源时手指误碰工作触头金属部位，从而避免触电伤害事故的发生。

二、万用表

万用表是一种可以测量交、直流电流，交、直流电压及电阻等多种电学参量的磁电式仪表。万用表按显示方式分为模拟（指针）万用表和数字万用表，外形如图 2 - 14 所示，可测量直流电流、直流电压、交流电流、交流电压、电阻等，有的还可以测电容量、电感量及半导体的一些参数（如放大倍数 β）等。

图 2 - 14　万用表外形

（a）数字万用表；（b）模拟万用表

数字万用表与模拟万用表相比，其准确度与分辨力均较高，而且过载能力强、抗干扰性能好、功能多、体积小、重量轻，还能从根本上消除读取数据时的视差，因此得到了更广泛的应用。下面以数字万用表为例，说明其在本项目中的应用。

1）测交流接触器线圈电阻

（1）将交流接触器与电路断开；

（2）万用表测量设置：将万用表红表笔插入"V/Ω"插孔，将黑表笔插入"COM"插孔，将转换开关置于欧姆挡"Ω"的2K量程处；

（3）打开万用表电源开关，将红、黑表笔接到接触器的线圈两端A1和A2（不分次序），读取万用表的液晶显示屏数据，然后乘以1 000即为线圈的阻值。接触器线圈的正常阻值是几百欧，如果测量的数据很小，比如几欧，甚至接近于零，说明线圈短路；如果测量的数据非常大，例如无穷大"1"，说明线圈断路。

2）测星形连接的三相异步电动机线电压和相电压

（1）将电动机的主电路和控制电路连接好，合上电源开关，按下启动按钮，电动机连续运转；

（2）万用表测量设置：将万用表红表笔插入"V/Ω"插孔，将黑表笔插入"COM"插孔，将转换开关置于交流电压挡"V～"的700量程处；

（3）打开万用表电源开关，液晶显示屏出现"HV ⚡"，提示危险，需谨慎操作。如图2－15所示。

图2－15　万用表测交流电压

（4）将红、黑表笔接到电动机接线盒的U1、V1，或V1、W1，或W1、U1（不分次序），读取万用表的液晶显示屏数据，如果在380左右，则为正常，即星形连接的电动机线电压为380V。将红、黑表笔接到电动机接线盒的U1、U2，或V1、V2，或W1、W2（不分次序），读取万用表的液晶显示屏数据，如果在220左右，则为正常，即星形连接的电动机相电压为220 V。

注意：万用表测电压采用的方法是并联，即万用表的红、黑表笔跨接在被测负载的两端。

3）测星形连接的三相异步电动机线电流和相电流

（1）将电动机的主电路和控制电路连接好，并将万用表的红、黑表笔串联到主电路的任意一条火线中；

（2）万用表测量设置：若被测电流小于2 A，则将万用表红表笔插入"A"插孔（测量电流最大值不能超过2 A），或者"10 A"插孔（测量电流最大值不能超过10 A），将黑表笔插入"COM"插孔，将转换开关置于交流电流挡"A～"的相应量程处，并打开万用表电源开关。如图2－16所示。

图2－16　万用表测交流电流

（3）合上电源开关，按下启动按钮，电动机连续运转，读取万用表的液晶显示屏数据，即为星形连接的三相异步电动机线电流值。

（4）根据星形连接的电路特点，上面的万用表串联回路也是相电流的测量电路，即星形连接的三相异步电动机线电流和相电流相等。

注意：万用表测电流采用的方法是串联，即先将被测电路的某段断开，形成两个断点，再将万用表的红、黑表笔分别接到两断点处。

4）测交流接触器的触点状态

交流接触器有两排触点，下面一排为主触点，用于主电路的控制，上面一排为辅助触点，用于控制电路。接触器在接入电路之前，必须测量其触点的状态，以验证其是否损坏。

（1）测主触点。

首先，万用表测量设置：将万用表红表笔插入"V/Ω"插孔，将黑表笔插入"COM"插孔，将转换开关置于蜂鸣挡"♫ ➞⊢"处，然后将万用表红、黑表笔分别与接触器的某对主触点相连。如果常态下万用表不发出蜂鸣声，当按下接触器顶部手动按钮时，万用表就发出蜂鸣声，说明此对触点是常开触点。交流接触器的主触点都是常开触点，每一对主触点都需要测量验证。

（2）测辅助触点。

首先，万用表测量设置：将万用表红表笔插入"V/Ω"插孔，将黑表笔插入"COM"插孔，将转换开关置于蜂鸣挡"♫ ➞⊢"处，然后将万用表红、黑表笔分别与接触器的某对辅助触点相连。如果常态下万用表不发出蜂鸣声，当按下接触器顶部手动按钮时，万用表就发出蜂鸣声，说明此对触点是常开触点，应该与接触器上标识"NO"相符。如果常态下万用表发出蜂鸣声，当按下接触器顶部手动按钮时，万用表就停止发出蜂鸣声，说明此对触点是常闭触点，应该与接触器上标识"NC"相符。辅助触点有辅助常闭触点和辅助常开触点，每一对触点也都需要测量验证。

三、剥线钳

剥线钳是专用于剥削导线绝缘层的工具，主要由钳头和钳柄组成，钳柄带有绝缘层，耐压为 500 V，钳口有 0.5 ~ 3 mm 多个不同孔径的刃口。其外形如图 2 - 17 所示。

使用要点：要根据导线直径，选择剥线钳刃口的孔径。

（1）根据电线的粗细型号，选择相应的剥线刃口。0.5 mm^2、0.75 mm^2、1 mm^2、1.5mm^2、2.5 mm^2 导线对应的导线直径分别是 0.8 mm、0.98 mm、1.13 mm、1.38 mm、1.78 mm。关键是线径和刃口要适配，刃口太大会导致剥不开绝缘层，太小会导致剪断内部导线。

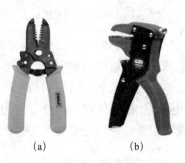

(a)   (b)

图 2 - 17　剥线钳的外形

（2）将准备好的电线放在剥线钳的刀刃中间，选择好要剥线的长度。一般要剥开的导线长度为 8 ~ 10 mm。

（3）握住剥线钳手柄，将电线夹住，缓缓用力使电线外表皮慢慢剥落。

（4）松开剥线钳手柄，取出电线，这时电线金属整齐露出外面，其余绝缘塑料完好无损。

四、螺丝刀

螺丝刀又称起子，按其头部形状可分为一字形和十字形两种。其外形如图 2 – 18 所示。

使用一字形或十字形螺丝刀时，用力要平稳，压和拧要同时进行。螺丝刀的使用方法如图 2 – 19 所示。

图 2 – 18　螺丝刀的外形

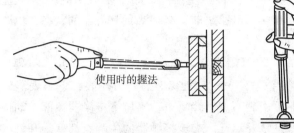

使用时的握法

图 2 – 19　螺丝刀的使用方法

螺丝刀在使用中的注意事项：

（1）电工不可使用金属杆直通柄顶的螺丝刀；

（2）带电操作时，手不可触及螺丝刀的金属杆；

（3）使用时应选择与螺钉槽相同且大小规格相应的螺丝刀。

2.1.8　导线

导线的选用必须依据一定的原则：给设备配线重在考虑导线安全载流量（为了保证导线长时间连续运行所允许的电流密度），远距离送电重在测算线路允许的电压降，并且两者都要兼顾导体材料的机械强度。

一、线芯材料的选用

作为线芯的金属材料，必须同时具备的特点是：电阻率较低；有足够的机械强度；在一般情况下有较好的耐腐蚀性；容易进行各种形式的机械加工，价格较便宜。铜和铝基本符合这些特点，因此，常用铜或铝作为导线的线芯。铜导线的电阻率比铝导线小，焊接性能和机械强度比铝导线好，因此它常用于要求较高的场合。设备配线和室内照明线路主要用铜芯导线。铝导线密度比铜导线小，而且资源丰富，价格较铜低廉，宜作远距离传输导线。

二、导线截面的选择

国标规定的导线截面积系列：1 mm^2，1.5 mm^2，2.5 mm^2，4 mm^2，6 mm^2，10 mm^2，16 mm^2，25 mm^2，35 mm^2，50 mm^2，70 mm^2，95 mm^2，120 mm^2 等。

以设备配线为例，根据负载计算出来的电流必须小于导线的安全载流量，与负载相对应的电流计算如表 2 – 1 所示。

表 2 - 1　负载电流计算数据

负载类型	功率因数	计算公式		每 kW 电流量/A
电灯电阻	1	单相：$I_P = P / U_P$		4.5
		三相：$I_L = P / \sqrt{3}U_L$		1.5
荧光灯	0.5	单相：$I_P = P / (U_P \times 0.5)$		9
		三相：$I_L = P / (\sqrt{3}U_L \times 0.5)$		3
单相电动机	0.75	$I_P = P / [U_P \times 0.75 \times 0.75（效率）]$		8
三相电动机	0.85	$I_L = P / [\sqrt{3}U_L \times 0.85 \times 0.85（效率）]$		2
注：公式中，I_P、U_P 为相电流、相电压；I_L、U_L 为线电流、线电压。				

导线安全载流量的具体数据可查《电工手册》，实际应用中可根据口诀估算："二点五下乘以九，往上减一顺号走。三十五乘三点五，双双成组减点五。条件有变加折算，高温九折铜升级。穿管根数二三四，八七六折满载流"。

根据口诀估算的铝芯绝缘导线载流量与截面积的倍数关系如表 2 - 2 所示。

表 2 - 2　铝芯绝缘导线载流量与截面积的倍数关系

导线截面积/mm²	1	1.5	2.5	4	6	10	16	25	35	50	70	95	120
载流是截面的倍数	9	8	7	6	5	4	3.5	3	2.5				
载流量/A	9	14	23	32	42	60	80	100	123	150	210	238	300

根据表 2 - 1 和表 2 - 2，本项目中三相交流异步电动机控制的主电路相线（三相三线制）及相线和中线（三相四线制）一般选用 1 mm² 的导线，地线一般选用 2.5 mm² 的导线，控制电路选用 0.75 mm² 或 1 mm² 的导线。

三、导线颜色的选用

国标规定，三相交流电中，A 相为黄色，B 相为绿色，C 相为红色，中性线（即零线）为黑色或淡蓝色，保护中性线（地线）为黄绿双色。在三相交流异步电动机的控制电路中，一般选用蓝色线。如图 2 - 20 所示。

（a）　　　　　　（b）　　　　　　（c）

（d）　　　　　　（e）　　　　　　（f）

图 2 - 20　三相交流电的导线颜色

（a）黄色导线；（b）绿色导线；（c）红色导线；（d）黑色导线；（e）黄绿双色线；（f）蓝色导线

四、常用导线举例

实际应用中最常见的导线类型是 BV 和 RV。BV 是铜芯聚氯乙烯绝缘电线，简称塑铜线，适用于交流电压 450/750 V 及以下的动力装置、日用电器、仪表及电信设备用的电缆电线，是我们日常生活中接触最多的一种线。其中，B 代表类别，布电线；V 代表绝缘类型，聚氯乙烯。RV 是铜芯聚氯乙烯绝缘连接软电线，适合要求较为严格的柔性安装场所，如电控柜、配电箱及各种低压电气设备，可用于电力、电气控制信号及开关信号的传输。其中，R 代表类别，连接用软电线；V 代表绝缘类型，聚氯乙烯。

以 2.5 mm² 导线为例：BV 有两种，1 根直径为 1.78 mm 的导线和 7 根直径为 0.68 mm 的导线；BVR 是 19 根直径为 0.41 mm 的导线；RV 是 49 根直径为 0.25 mm 的导线。

■ 任务实施

2.1.9　电动机点动控制线路接线前准备

一、电气原理图的分析

电动机的点动控制电气原理图如图 2-21 所示（选用的是线圈额定电压为 220 V 的交流接触器）。

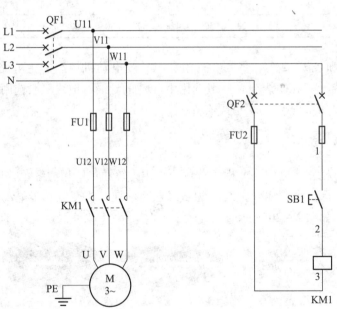

图 2-21　电动机点动控制电气原理图

电动机的工作过程如下：

合上断路器 QF1、QF2→按下启动按钮 SB1→接触器 KM1 线圈通电→接触器主触点 KM1 闭合→电动机 M 运转；松开启动按钮 SB1→接触器 KM1 线圈断电→接触器主触点 KM1 断开→电动机 M 停转。

（1）列出元器件清单，见表 2-3。

表 2－3　元器件清单

序号	电气符号	名称	数量	规格
1	QF			
2	FU			
3	KM			
4	M			
5	SB			

（2）电动机点动的含义是什么？在电路中是如何实现的？

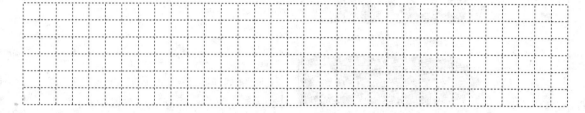

（3）电气原理图中设置了几种保护？请写出对应的符号、名称及保护作用。

二、导线准备

1 mm² 的黄、绿、红、黑、蓝色线，2.5 mm² 的黄绿双色线等。

三、接线工具及仪表准备

一字及十字螺丝刀、剥线钳、验电笔和万用表等。

2.1.10　电动机点动控制安装与调试

接线过程中必须遵循一定的原则：

（1）严格按照电气原理图接线。

（2）导线要严格按照国标选择合适的颜色和线径。

（3）先接主电路，再接控制电路。

（4）接线时遵循"上进下出、左进右出"的原则。

（5）导线要保证牢固可靠：

①不能"压皮"，即接线端螺丝不能压在导线绝缘层，否则会造成虚接；

②不能露铜过长，即铜丝露在接线端外部的长度要严格控制，最好在 1 mm 以内，不得超过 3 mm，否则会发生相间短路、触电等危险；

③必须压紧，螺丝拧紧后，用手轻轻地拽一拽导线，不能脱落，导线压不紧将导致接触不良，为电路调试过程中的故障排除带来极大困难。

（6）同一接点处的导线不能超过 2 根。

接线的步骤如表 2-4 所示。

表 2-4　接线步骤

步骤序号	图示	具体操作
1		测量所需导线长度，剪切导线
2		选择剥线钳上合适的挡位剥线
3		剥出 8~10 mm 的铜丝
4		多股铜丝拧成一股
5		松开接线端螺丝，插线
6		拧紧接线端螺丝，压线
7		最终效果

■ 检查评估

2.1.11 电动机点动控制检测与评分

一、线路检测

按表 2-5 测试线路。

表 2-5 线路测试

	电路名称	动作指示	测试点 1	测试点 2	万用表测导通
不上电情况	主电路	无动作（常态）	U11	U	
			V11	V	
			W11	W	
		按 KM1 测试按钮	U11	U	
			V11	V	
			W11	W	
	控制电路	常态	1	3	
		按 SB1	1	3	
上电后情况	主电路状况描述				
	控制电路状况描述				

二、整体线路评分标准

整体线路评分标准见表 2-6。

表 2-6 整体线路评分标准

		项目要求	分值	实际得分
功能	主电路	接线正确、不缺相	20	
	控制电路	启停功能	10	
		短路保护	10	

续表

项目要求		分值	实际得分
工艺要求	元件稳固、平正，布局合理	10	
	导线压接松紧适当	10	
完成时间	按时完成得满分，每延时 10 分钟扣 5 分	10	
不成功次数	一次成功得满分，不成功一次扣 5 分	10	
口试情况	随机提问 1~2 个问题	10	
5S 情况	5S（现场、工具及相关材料的整理与填写）	10	
实际总得分			

■ 总结回顾

（1）电动机点动控制的应用场合；

（2）常见的接线规范；

（3）点动：按下按钮，电动机就得电运行；松开按钮，电动机就失电停止。

■ 课后习题

2-1-1 剥线钳的钳柄上套有额定工作电压为 500 V 的（　　）。

（A）木管　　　　　（B）铝管　　　　　（C）铜管　　　　　（D）绝缘套管

2-1-2 使用螺丝刀拧紧螺钉时要（　　）。

（A）先用力旋转，再插入螺钉槽口　　　　（B）始终用力旋转

（C）先确认插入螺钉槽口，再用力旋转　　　（D）不停地插拔和旋转

2-1-3 熔断器主要由（　　）、熔管和熔座三部分组成。

（A）银丝　　　　　（B）铜条　　　　　（C）铁丝　　　　　（D）熔体

2-1-4 低压验电笔检测交流电压的范围是（　　）。

（A）500 V 以下　　（B）400 V 以下　　（C）300 V 以下　　（D）200 V 以下

2-1-5 电动机的铭牌上标注功率因素，"功率因素"是什么意思？（　　）

（A）轴端功率与电功率之比　　　　（B）轴端功率与输出功率之比

（C）有效功率与无功功率之比　　　　（D）有效功率与视在功率之比

（E）无功功率与视在功率之比

2-1-6 如何确定主电路中熔断器及熔体的电流规格？

任务 2.2　电动机连续运行控制安装与调试

■ 任务导入

电动机实现长时间连续转动，即所谓的长动控制。例如，钻床的主运动是主轴的旋转运动，主轴带动钻头做连续旋转运动并配合手动进给运动完成孔的钻削加工，而主轴的旋转运动是由电动机通过主轴箱传递而来的。如图 2 - 22 所示，请根据该控制要求设计电动机连续运行控制电气原理图并完成电气安装与调试。

图 2 - 22　台式钻床外形结构

■ 任务分解

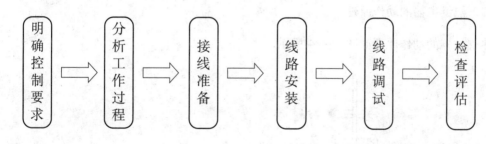

明确控制要求 ⇒ 分析工作过程 ⇒ 接线准备 ⇒ 线路安装 ⇒ 线路调试 ⇒ 检查评估

■ 资讯

2.2.1　热继电器

电动机的实际使用功率超过电动机铭牌上的额定功率，这种现象称为电动机过载。若电动机过载不大、时间较短，则电动机绕组不会超过允许温升，这种过载是允许的。但若过载时间长、过载电流大，电动机绕组的温升就会超过允许值，使电动机绕组绝缘老化，缩短电动机的使用寿命，严重时甚至会使电动机绕组烧毁。所以，这种过载是电动机不能承受的。

热继电器就是利用电流的热效应原理，在出现电动机不能承受的过载电流时切断电动机电路，为电动机提供过载保护的电器。热继电器可以根据过载电流的大小自动调整动作时

间，具有反时限保护特性，即过载电流大、动作时间短，过载电流小、动作时间长。当电动机的工作电流为额定电流时，热继电器长期不动作。

一、热继电器的外形结构及符号

热继电器的外形结构如图 2 - 23 （a）所示，图 2 - 23 （b）所示为热继电器的图形符号，其文字符号为 FR。

（a）

热元件　　　　　　　动断触点　　　动合触点

（b）

图 2 - 23　热继电器

（a）热继电器的外形结构；（b）热继电器的图形符号

二、热继电器的动作原理

热继电器的动作原理如图 2 - 24 所示。

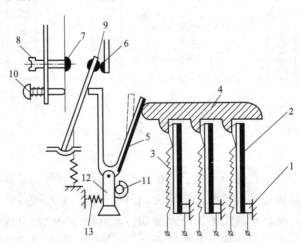

图 2 - 24　热继电器动作原理示意图

1—推杆；2—主双金属片；3—加热元件；4—导板；5—补偿双金属片；6，7—静触点；
8—复位调节螺钉；9—动触点；10—复位按钮；11—调节旋钮；12—支撑件；13—弹簧

使用时，将热继电器的三相热元件分别串接在电动机的三相主电路中，动断触点串接在控制电路的接触器线圈回路中。当电动机过载时，流过电阻丝（热元件）的电流增大，电阻丝产生的热量使金属片弯曲，经过一定时间后，弯曲位移增大，推动导板移动，使其动断触点断开，动合触点闭合，使接触器线圈断电，接触器触点断开，切除电动机电源，起过载保护作用。

三、热继电器的型号含义

JR16、JR20 系列是目前广泛应用的热继电器，其型号含义如下：

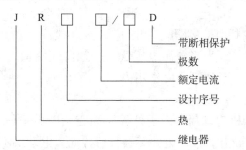

例如：JR16 – 60/3D，JR—热继电器，16—设计序号，60—额定电流 60A，3—三相，D—带断相保护。

四、热继电器的选用

选用热继电器主要考虑的因素有：额定电流或热元件的整定电流要求应大于被保护电路或设备的正常工作电流。作为电动机保护时，要考虑其型号、规格和特性、正常启动时的启动时间和启动电流、负载的性质等。在接线上对星形连接的电动机，可选两相或三相结构的热继电器；对三角形连接的电动机，应选择带断相保护的热继电器。所选用的热继电器的整定电流通常与电动机的额定电流相等。

总之，选用热继电器要注意下列几点：

（1）先由电动机额定电流计算出热元件的电流范围，然后选型号及电流等级。例如：电动机额定电流 $I_N = 14.7A$，则可选 JR0 – 40 型热继电器，因其热元件电流 $I_R = 16$ A。工作时将热元件的动作电流整定在 14.7 A。

（2）要根据热继电器与电动机的安装条件和环境的不同，将热元件的电流做适当调整。如高温场合，热源间的电流应放大 1.05 ~ 1.20 倍。

（3）设计成套电气装置时，热继电器应尽量远离发热电器。

（4）通过热继电器的电流与整定电流之比称为整定电流倍数。其值越大、发热越快，动作时间越短。

（5）对于点动、重载启动、频繁正反转及带反接制动等运行的电动机，一般不用热继电器作过载保护。

2.2.2 自锁

控制电路中实现自锁的电气原理图如图 2 – 25 所示。

按下启动按钮 SB2 后，接触器 KM 线圈通电，接触器 KM 辅助常开触点 KM 闭合；松开启动按钮 SB2 后，接触器 KM 的线圈通过其辅助常开触点 KM 的闭合仍继续保持通电。这种依靠接触器自身辅助常开触点的闭合而使线圈保持通电的控制方式，称为自锁或自保。起到自锁作用的辅助常开触点称自锁触点。

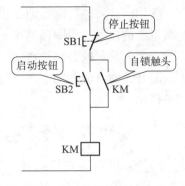

图 2 - 25　自锁电气原理图

自锁的作用主要体现在以下两个方面：

（1）欠压保护：当电源电压由于某种原因下降时，电动机的转矩将显著降低，影响电动机正常运行，严重时会引起"堵转"现象，以致损坏电动机。采用接触器自锁控制电路就可避免上述故障，因为当电源电压低于接触器线圈额定电压 85% 时，接触器电磁系统所产生的电磁力克服不了弹簧的反作用力，因而释放，主触点打开，自动切断主电路，从而达到欠压保护的作用。

（2）失压保护：电动机启动后，由于外界原因突然断电，但随后又恢复供电，这种情况下，自锁触点因断电而断开，控制电路不会自行接通，电动机不会自行启动，必须重新发令（按启动按钮）才能启动，这样可避免事故的发生，起到失压保护作用。

2.2.3　低压电气原理图的识读

任何复杂的电气控制线路都是按照一定的控制原则，由基本的控制线路组成的。生产机械电气控制线路常用电气原理图、电气安装接线图和电气元件布置图来表示。

一、电气原理图

电气原理图是根据生产机械运动形式对电气控制系统的要求，采用国家统一规定的电气原理图形符号和文字符号，按照电气设备和电器的工作顺序，详细表示电路、设备或成套装置的全部基本组成和连接关系，而不考虑其实际位置的一种简图。电气原理图能充分表达电气设备和电器的用途、作用和工作原理，是电气线路安装、调试和维修的理论依据。

绘制、识读电气原理图时应遵循以下原则：

（1）电气原理图一般分电源电路、主电路和辅助电路三部分绘制。

①电源电路画成水平线，三相交流电源相序 L1、L2、L3 自上而下依次画出，中线 N 和保护地线 PE 依次画在相线之下。直流电源的" + "端画在上边，" - "端在下边画出。电源开关要水平画出。

②主电路是指电源向负载提供电能的电路，它是由主熔断器、接触器的主触点、热继电器的热元件以及电动机等组成的。主电路通过的电流是电动机的工作电流，电流较大。主电路图要画在电气原理图的左侧并垂直电源电路。

③辅助电路一般包括控制主电路工作状态的控制电路、显示主电路工作状态的指示电路及提供机床设备局部照明的照明电路等。它是由主令电器的触点、接触器线圈及辅助触点、继电器线圈及触点、指示灯和照明灯等组成的。辅助电路通过的电流都较小，一般不超过5A。画辅助电路图时，一般按照控制电路、照明电路和指示电路的顺序依次垂直画在主电路图的右侧，且电路中与下边电源线相连的耗能元件（如接触器和继电器的线圈、指示灯、

照明灯等）要画在电气原理图的下方，而电器的触点要画在耗能元件与上边电源线之间。为读图方便，一般应按照自左至右、自上而下的排列来表示操作顺序。

（2）电气原理图中，各电器的触点位置都按电路未通电或电器未受外力作用时的常态位置画出。分析原理时，应从触点的常态位置出发。

（3）电气原理图中，不画各电气元件实际的外形图，而采用国家统一规定的电气原理图形符号画出。

（4）电气原理图中，同一电器的各元件不是按它们的实际位置画在一起，而是按其在线路中所起的作用分别画在不同电路中，但它们的动作却是相互关联的，因此，必须标注相同的文字符号。若图中相同的电器较多，则需要在电气元件文字符号后面加注不同的数字，以示区别，如 KM1、KM2 等。

（5）画电气原理图时，应尽可能减少线条和避免线条交叉。对有直接电联系的交叉导线连接点，要用小黑圆点表示；无直接电联系的交叉导线则不画小黑圆点。

二、电气元件布置图

电气元件布置图是根据电气元件在控制板上的实际安装位置，采用简化的外形符号（如正方形、矩形、圆形等）而绘制的一种简图。它不表达各电器的具体结构、作用、接线情况以及工作原理，主要用于电气元件的布置和安装。电气元件布置图中各电气元件的文字符号必须与电气原理图的标注相一致。某电路电气元件布置图如图 2 - 26 所示。

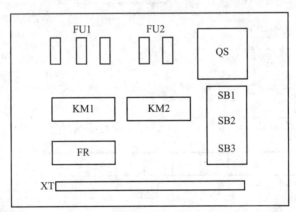

图 2 - 26　某电路电气元件布置图

三、电气安装接线图

电气安装接线图是根据电气设备与电气元件的实际位置和安装情况绘制的，只用来表示电气设备和电气元件的位置、配线方式和接线方式，而不明显表示电气元件的动作原理，主要用于安装接线、线路的检查维修和故障处理。

绘制、识读电气安装接线图应遵循以下原则：

（1）电气安装接线图中一般示出以下内容：电气设备和电气元件的相对位置、文字符号、端子号、导线号、导线类型、导线截面积、屏蔽和导线绞合等。

（2）所有的电气设备和电气元件都按其所在的实际位置绘制在图纸上，且同一电器的各元件根据其实际结构，使用与电气原理图相同的图形符号画在一起，并用点画线框上，其

文字符号以及接线端子的编号应与电气原理图中的标注一致，以便对照检查接线。

（3）电气安装接线图中的导线有单根导线、导线组（或线扎）、电缆等之分，可用连续线和中断线来表示。凡导线走向相同的可以合并，用线束来表示，到达接线端子板或电气元件的连接点时再分别画出。在用线束来表示导线组、电缆等时可用加粗的线条表示，在不引起误解的情况下也可采用部分加粗。另外，导线及管子的型号、根数和规格应标注清楚。某电路电气安装接线图示例如图 2-27 所示。在实际中，电气原理图、电气元件布置图和电气安装接线图要结合起来使用。

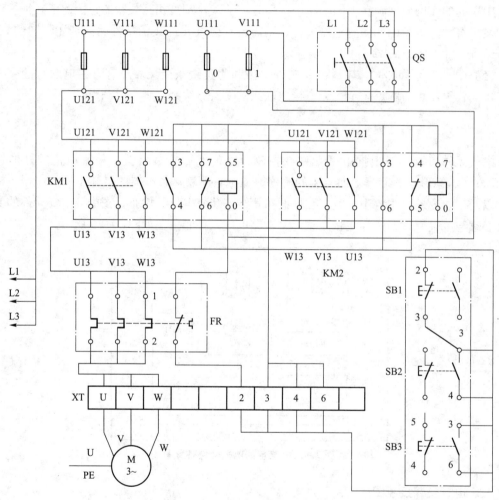

图 2-27　某电路电气安装接线图

■ **任务实施**

2.2.4　电动机连续运行控制接线前准备

一、电气原理图的分析

电动机的连续运行电气原理图如图 2-28 所示（选用的是线圈额定电压为 220V 的交流

接触器）。

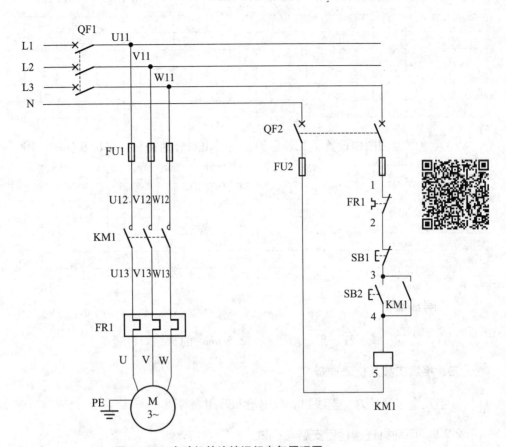

图 2 - 28   电动机的连续运行电气原理图

电动机的工作过程如下：

启动：合上断路器 QF1、QF2→按下启动按钮 SB2→接触器 KM1 线圈通电→接触器主触点 KM1 闭合，辅助常开触点 KM1 闭合自锁→电动机 M 连续运转。

停止：按下停止按钮 SB1→接触器 KM1 线圈断电→接触器主触点 KM1 断开→电动机 M 停转。

（1）在表 2 - 7 中列出元器件清单。

表 2 - 7   元器件清单

序号	电气符号	名称	数量	规格
1	QF			
2	FU			
3	FR			
4	KM			
5	M			
6	SB			

（2）电动机连续控制与点动控制的区别是什么？在电路中是如何实现的？

（3）电气原理图中设置了几种保护？请写出对应的符号、名称及保护作用。

二、导线准备

1 mm² 的黄、绿、红、黑、蓝色线，2.5 mm² 的黄绿双色线等。

三、接线工具及仪表准备

一字及十字螺丝刀、剥线钳、验电笔和万用表等。

2.2.5　电动机连续运行安装与调试

步骤一：绘制电气元件布置图

步骤二：绘制电气安装接线图

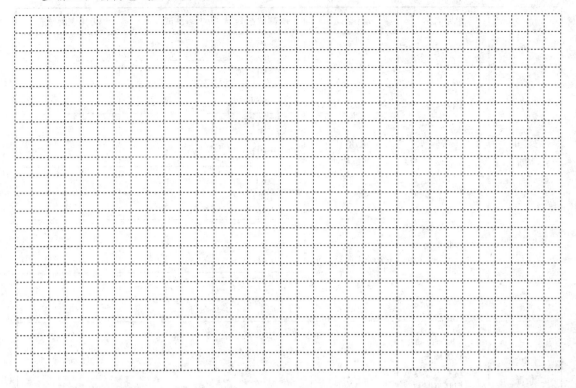

步骤三：按规范接线

（1）严格按照电气原理图、电气元件布置图、电气安装接线图接线。

（2）导线要严格按照国标选择合适的颜色和线径。

（3）先接主电路，再接控制电路。

（4）接线时遵循"上进下出、左进右出"的原则。

（5）导线要保证牢固可靠。

（6）同一接点处的导线不能超过 2 根。

接线的具体步骤参照表 2-4。

■ 检查评估

2.2.6 电动机连续运行检测与评分

一、线路检测

线路测试见表 2-8。

表 2 - 8　线路测试

	电路名称	动作指示	测试点 1	测试点 2	万用表测导通
不上电情况	主电路	无动作（常态）	U11	U	
			V11	V	
			W11	W	
		按 KM1 测试按钮	U11	U	
			V11	V	
			W11	W	
	控制电路	常态	1	5	
		按 SB2	1	5	
		按 KM1 测试按钮	1	5	
		按 SB1&SB2	1	5	
上电后情况	主电路状况描述				
	控制电路状况描述				

二、整体线路评分标准

整体线路评分标准见表 2 - 9。

表 2 - 9　整体线路评分标准

项目要求			分值	实际得分
功能	主电路	接线正确、不缺相	15	
	控制电路	启停、自锁功能	10	
		短路保护	10	
		过载保护	10	
工艺要求		元件稳固、平正，布局合理	10	
		导线压接松紧适当	10	
完成时间		按时完成得满分，每延时 10 分钟扣 5 分	10	
不成功次数		一次成功得满分，不成功一次扣 5 分	10	
口试情况		随机提问 1~2 个问题	5	
5S 情况		5S（现场、工具及相关材料的整理与填写）	10	
实际总得分				

■ 总结回顾

（1）电动机连续运行控制的应用场合。

（2）常见的接线规范。

（3）连动：按下启动按钮，电动机得电运行；松开启动按钮，电动机继续运行。

■ 课后习题

2-2-1 CJ20系列交流接触器是全国统一设计的新型接触器，容量为 6.3～25 A 的采用（　　）灭弧罩的型式。

（A）纵缝灭弧室　　（B）栅片式　　　　（C）陶土　　　　（D）不带

2-2-2 热继电器的作用是（　　）。

（A）过载保护　　　（B）短路保护　　　（C）失压保护　　（D）零压保护

2-2-3 在具有过载保护的接触器自锁控制电路中，实现欠压和失压保护的电器是（　　）。

（A）熔断器　　　　（B）继电器　　　　（C）接触器　　　（D）热继电器

2-2-4 控制电路的停止按钮一般选用（　　）。

（A）黄色　　　　　（B）红色　　　　　（C）绿色　　　　（D）黑色

2-2-5 各种绝缘材料的（　　）是抗张、抗压、抗弯、抗剪、抗撕、抗冲击等各种强度指标。

（A）绝缘强度　　　（B）击穿强度　　　（C）机械强度　　（D）耐热性

2-2-6 热继电器的动作电流如何整定？

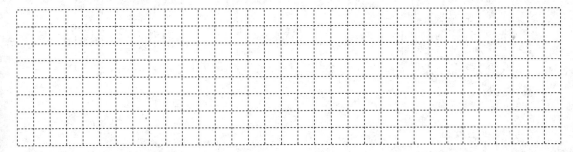

◈ 任务 2.3　电动机点动与连续控制安装与调试

■ 任务导入

在生产实践中，机床进行切削加工时，要求电动机既能实现长期连续运转，往往又需要对工件和刀具之间进行点动调整，即控制电路不仅能实现连续控制，也能实现点动控制。

利用复合按钮实现的电动机点动与连续运行控制如图 2-29 所示，请根据电气原理图完成电气安装与调试，并考虑实现此功能的其他设计方案。

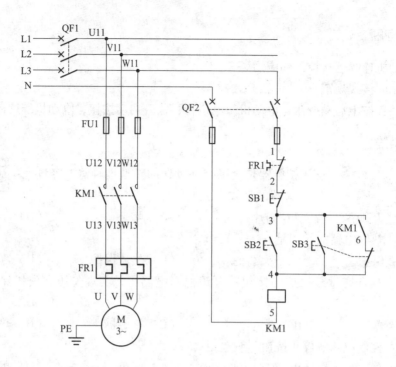

图 2-29　电动机点动和连续运行电气原理图

■ 任务分解

■ 资讯

2.3.1　复合按钮

复合按钮是指将常开与常闭按钮组合为一体的按钮，它既具有常闭触点又具有常开触点。初始状态下，常闭触点是闭合的，常开触点是断开的。按下按钮时，常闭触点首先断开，常开触点后闭合，可认为是自锁型按钮；松开按钮后，按钮在复位弹簧的作用下，首先将常开触点断开（复位），继而将常闭触点闭合（复位），即回归到初始状态。复合按钮常用于联锁（互锁）控制电路中。复合按钮的外形、结构及符号如图 2-30 所示。

2.3.2　电气原理图的分析

电动机的控制是以接触器为核心元件实现的，接触器各触点的状态转换是由接触器的线圈得电状态决定的。所以，电气原理图的分析主要采用"线圈推导法"。

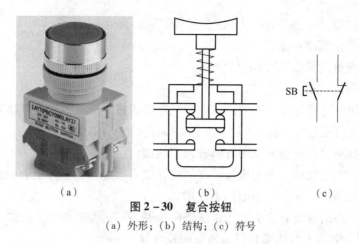

（a）　　　　　　　（b）　　　　　　　（c）

图 2 – 30　复合按钮

（a）外形；（b）结构；（c）符号

以电动机连续运行控制电路（见图 2 – 28）为例，分析过程如下：

（1）首先观察主电路，确定电动机与接触器的对应关系。电动机 M 由接触器 KM1 控制。

（2）观察控制电路，排除电路保护电器，包括熔断器、热继电器和断路器等，着重分析剩下的接触器及按钮所构成的控制线路，具体包括图 2 – 28 中的接触器 KM1 及按钮 SB1 和 SB2。

（3）分析线圈所在支路。图 2 – 28 中只有一个线圈 KM1，按下常开按钮 SB2，KM1 线圈得电，其主触点和辅助常开触点闭合，KM1 自锁，电动机 M 转动；按下常闭按钮 SB1，KM1 线圈失电，其主触点和辅助常开触点复位（断开），电动机 M 停止。

（4）根据分析，总结各按钮及接触器触点对电动机的控制功能。按下 SB2，M 转动，SB2 为启动按钮；KM1 辅助常开触点与 SB2 并联，起自锁功能；按下 SB1，M 停止，SB1 为停止按钮。

（5）最后得出结论，即电路的控制功能。图 2 – 28 实现的是电动机连续运行控制功能。

2.3.3　电气原理图的绘制

电气控制线路根据电路通过的电流大小可分为主电路和控制电路。主电路包括从电源到电动机的电路，是强电流通过的部分，画在原理图的左边；控制电路是通过弱电流的电路，一般由按钮、电气元件的线圈、接触器的辅助触点、继电器的触点等组成，画在原理图的右边。

采用电气元件展开图的画法。同一电气元件的各部件可以不画在一起，但需用同一文字符号标出。若有多个同类电器，要在文字符号后加上数字序号，如 KM1、KM2 等。

所有按钮、触点均按没有外力作用和没有通电时的"常态"画出；控制电路的分支线路，原则上按照动作先后顺序排列；电气连接的交叉导线，在交叉处必须用黑点标识，无黑点表示导线不连接，而是跨接。

2.3.4　接线规范

（1）严格按照电气原理图、电气元件布置图、电气安装接线图接线。

（2）导线要严格按照国标选择合适的颜色和线径。

（3）先接主电路，再接控制电路。

（4）接线时遵循"上进下出、左进右出"的原则。

（5）导线要保证牢固可靠。

（6）同一接点处的导线不能超过 2 根。

（7）导线必须走线槽。

①元器件之间的连接导线，除间距很小和元器件机械强度很差允许直接架空敷设外，其他导线必须经过走线槽进行连接。

②任何导线都不允许直接从水平方向进入走线槽内。

③按照上进下出的原则，上面进入元器件的导线必须进入元器件上面的走线槽，元器件下面出来的导线必须进入元器件下面的走线槽。

④进入走线槽内的导线要完全置于走线槽内，并应尽可能避免交叉，装线不要超过其容量的 70%，以便于能盖上线槽盖和以后的装配及维修。

⑤各元器件与走线槽之间的外露导线尽可能做到横平竖直，横竖交界处弯成一定的弧度，同平面的导线要高度一致，避免交叉。

⑥元器件之间的连接导线应留有 10 ~ 20 cm 的余量，折弯后置于走线槽内，防止元器件位置调整或线路变化。

■ **任务实施**

2.3.5　电动机点动与连续控制接线前准备

一、电气原理图的分析

电动机的点动与连续运行电气原理图如图 2 – 31 所示。

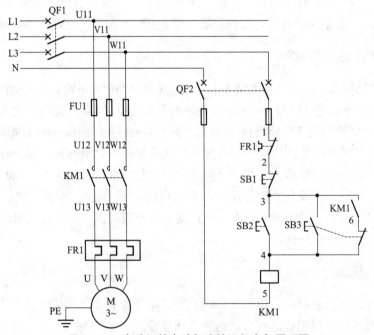

图 2 – 31　电动机的点动与连续运行电气原理图

电动机的工作过程如下：

点动和连续控制：合上断路器 QF1、QF2→按下连续运行按钮 SB2→接触器 KM1 线圈通电→接触器主触点 KM1 闭合，辅助常开触点 KM1 闭合自锁→电动机 M 连续运行。按下点动按钮 SB3→SB3 常闭触点先断开，切断 KM1 自锁支路；SB3 常开触点后闭合→接触器 KM1 线圈通电→接触器主触点 KM1 闭合→电动机 M 点动运行。

停止：按下停止按钮 SB1→接触器 KM1 线圈断电→接触器主触点 KM1 断开→电动机 M 停转。

（1）列出元器件清单，见表 2-10。

表 2-10　元器件清单

序号	电气符号	名称	数量	规格
1	QF			
2	FU			
3	FR			
4	KM			
5	M			
6	SB			

（2）电动机点动与连续控制的工作模式切换在电路中是如何实现的？

（3）电气原理图中设置了几种保护？请写出对应的符号、名称及保护作用。

二、导线准备

1 mm² 的黄、绿、红、黑、蓝色线，2.5 mm² 的黄绿双色线等。

三、接线工具及仪表准备

一字及十字螺丝刀、剥线钳、验电笔、万用表等。

2.3.6 电动机点动与连续安装与调试

步骤一：绘制电气元件布置图

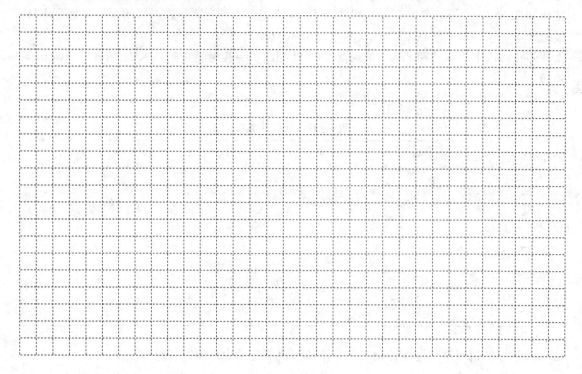

步骤二：绘制电气安装接线图

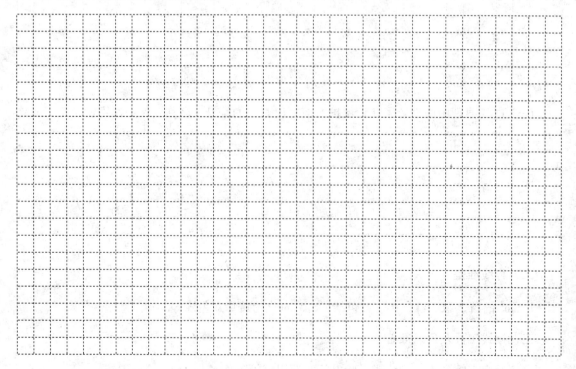

步骤三：按规范接线

接线的具体操作步骤参照表 2 – 11。

表 2 – 11　接线操作步骤

步骤序号	图示	具体操作
1		测量所需导线长度，剪切导线
2	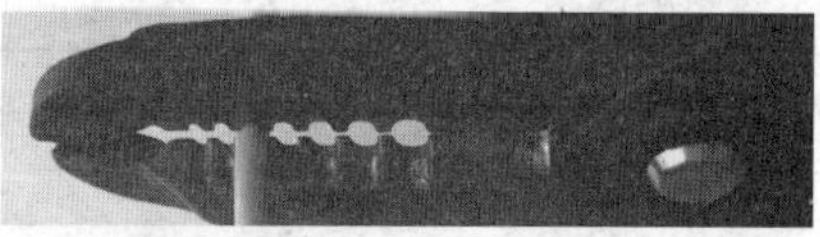	选择剥线钳上合适的挡位剥线
3	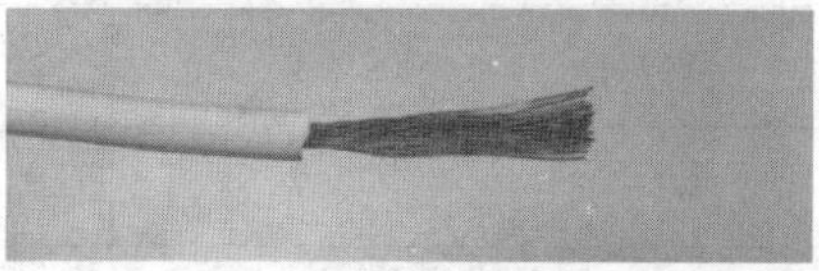	剥出 8 ~ 10 mm 的铜丝
4	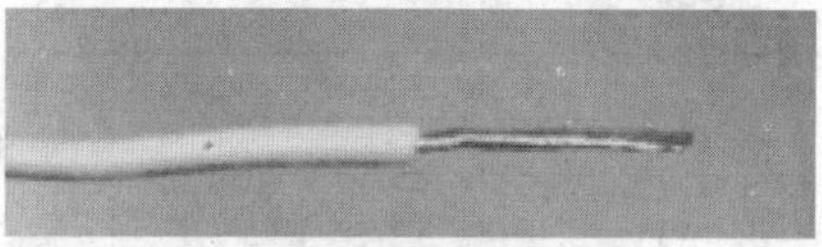	多股铜丝拧成一股
5		松开接线端螺丝，插线
6	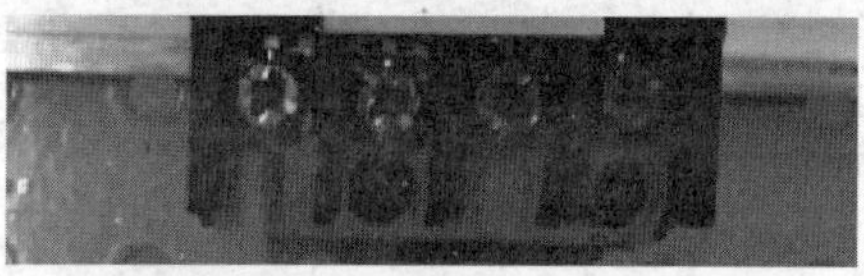	拧紧接线端螺丝，压线
7	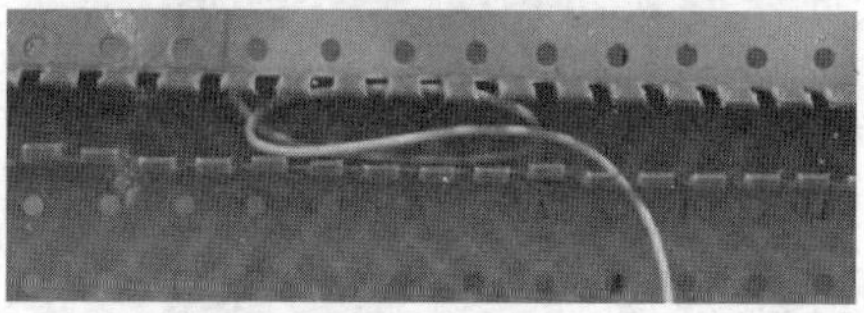	走线槽
8	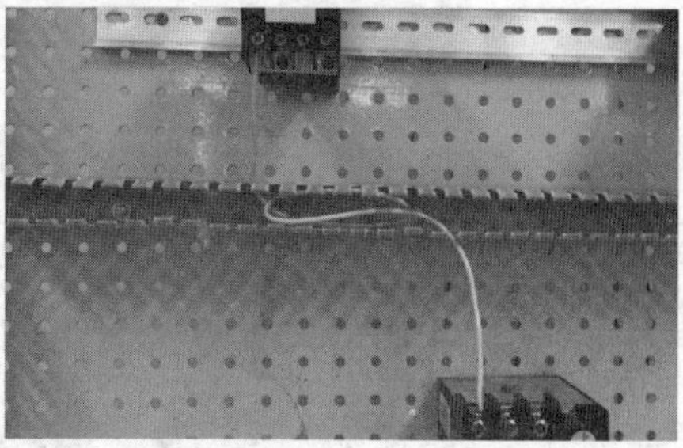	最终效果

■ 检查评估

2.3.7　电动机点动与连续控制检测和评分

一、线路检测

线路测试见表 2-12。

表 2-12　线路测试

	电路名称	动作指示	测试点 1	测试点 2	万用表测导通
不上电情况	主电路	无动作（常态）	U11	U	
			V11	V	
			W11	W	
		按 KM测试按钮	U11	U	
			V11	V	
			W11	W	
	控制电路	常态	1	5	
		按 SB2	1	5	
		按 SB3	1	5	
		按 KM1 测试按钮	1	5	
		按 SB1&SB2	1	5	
		按 SB1&SB3	1	5	
上电后情况	主电路状况描述				
	控制电路状况描述				

二、整体线路评分标准

整体线路评分标准见表 2-13。

表 2 – 13　整体线路评分标准

项目要求			分值	实际得分
功能	主电路	接线正确、不缺相	15	
	控制电路	点动功能	10	
		启停、自锁功能	10	
		短路保护、过载保护	10	
工艺要求		元件稳固、平正，布局合理	5	
		导线压接松紧适当	5	
		布线合理、美观	10	
完成时间		按时完成得满分，每延时 10 分钟扣 5 分	10	
不成功次数		一次成功得满分，不成功一次扣 5 分	10	
口试情况		随机提问 1~2 个问题	5	
5S 情况		5S（现场、工具及相关材料的整理与填写）	10	
实际总得分				

■ **总结回顾**

（1）电动机点动与连续运行控制的应用场合。

（2）常见的接线规范。

（3）复合按钮：将常开与常闭按钮组合为一体的按钮，它既具有常闭触点，又具有常开触点。

（4）此电路有时会因接触器出现故障使其释放时间大于点动按钮的恢复时间，造成点动控制失效，即 SB3 松开时，SB3 常闭触点已恢复到闭合状态，但接触器 KM 的自锁触点尚未打开，会使自锁电路继续通电，线路不能实现正常的点动控制。

■ **课后习题**

2 – 3 – 1　电压表在使用时要与被测电路（　　）。

（A）串联　　　　　　（B）并联　　　　　　（C）短路　　　　　　（D）混联

2 – 3 – 2　对于电动机负载，熔断器熔体的额定电流应选电动机额定电流的（　　）倍。

（A）1~1.5　　　　　（B）1.5~2.5　　　　　（C）2.0~3.0　　　　　（D）2.5~3.5

2 – 3 – 3　接触器的额定电流应不小于被控电路的（　　）。

（A）额定电流　　　　（B）负载电流　　　　（C）最大电流　　　　（D）峰值电流

2 – 3 – 4　下面哪个电路图对应自锁"启停电路"？（　　）

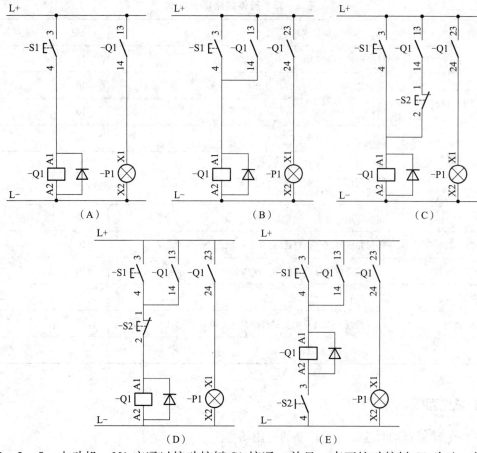

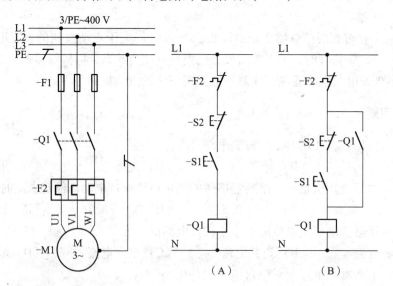

2-3-5 电动机-M1 应通过按动按键 S1 接通，并且一直至按动按键 S2 为止，同时要考虑过载情况。哪张图正确给出了控制电路的电路图？（　　　）

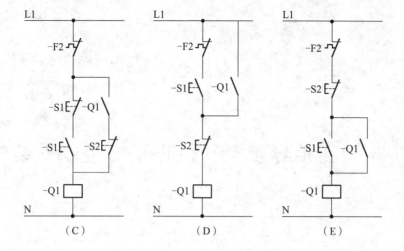

（C）　　　　　　　　　（D）　　　　　　　　　（E）

项目 3
三相异步电动机正反转控制安装与调试

项目介绍

连续运行控制电路只能使电动机朝一个方向旋转，带动生产机械的运动部件朝一个方向运动。但许多生产机械往往要求运动部件能向两个互为相反的方向运动，如机床工作台的前进与后退、万能铣床主轴的正转与反转、起重机的上升与下降等，这些生产机械要求电动机能实现正反转控制。电动机正反转的实现方式有很多种，本项目中主要介绍 3 种类型：按钮开关和交流接触器，行程开关和交流接触器，时间继电器和交流接触器。

图 3-1 所示为万能铣床外形结构。

图 3-1　万能铣床外形结构

本项目要求同学们明确控制要求，并能对电气原理图进行设计，最终根据电气原理图进行安装与调试。通过本项目的学习，希望能有以下收获。

学有所获

■ 知识目标

（1）掌握电动机正反转的控制原理。

（2）掌握电动机正反转控制电气原理图的识读与设计。

（3）掌握行程开关的接线技巧。

（4）掌握时间继电器的接线技巧。

（5）了解常用电工工具的使用规范。

■ 能力目标

（1）能熟练使用常用电工工具。

（2）能熟练对电动机的正反转进行设计、安装与调试。

（3）能够快速解决电动机正反转控制接线中出现的故障。

✺ 任务 3.1　接触器互锁电动机正反转控制安装与调试

■ 任务导入

实现电动机正反两个方向转动的实质是改变通入电动机定子绕组三相电的相序，即把接入电动机三相电源进线中的任意两根对调即可。正转与反转分别由一个交流接触器控制，电动机在任意时刻，只能有一种转动方向，即只能有一个交流接触器的线圈得电。如果两个接触器线圈同时得电，将发生相间短路，轻则烧毁元器件或设备，重则造成人身电弧烧伤、触电等危险事故。因此，必须在控制电路中设计保护环节来避免相间短路的发生。接触器互锁是经常被采用的方式之一。请根据该控制要求设计接触器互锁电动机正反转控制电气原理图并完成电气元件的安装与调试。

■ 任务分解

明确控制要求 ⇒ 分析工作过程 ⇒ 接线准备 ⇒ 线路安装 ⇒ 线路调试 ⇒ 检查评估

■ 资讯

3.1.1　电动机工作原理

电动机是把电能转化为机械能的设备，主要由定子（静止部分）和转子（旋转部分）构成。三相电动机的结构示意图如图 3-2 所示。

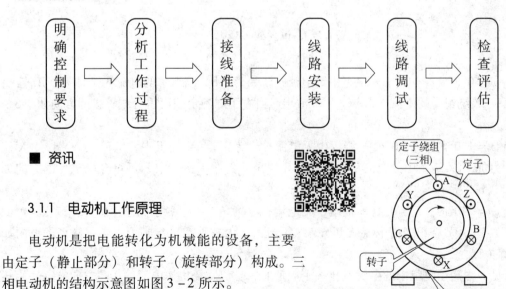

图 3-2　三相电动机的结构示意图

一、基本原理

为了说明三相异步电动机的工作原理，我们做如下演示实验，如图 3 - 3 所示。

（1）演示实验：在装有手柄的蹄形磁铁的两极间放置一个闭合导体，当转动手柄带动蹄形磁铁旋转时，发现导体也跟着旋转，若改变磁铁的转向，则导体的转向也跟着改变。

（2）现象解释：当磁铁旋转时，磁铁与闭合的导体发生相对运动，导体切割磁力线而在其内部产生感应电动势和感应电流。感应电流又使导体受到一个电磁力的作用，于是导体就沿磁铁的旋转方向转动起来，这就是异步电动机的基本原理。

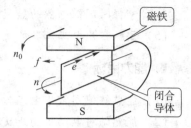

图 3 - 3　三相异步电动机工作原理

结论：欲使异步电动机旋转，必须有旋转的磁场和闭合的转子绕组。

二、旋转磁场

1）产生

图 3 - 4 表示三相定子绕组 AX、BY、CZ，它们在空间按互差 120° 的规律对称排列，并接成星形与三相电源 U、V、W 相连。这样，三相定子绕组中便形成三相对称电流，随着电流在定子绕组中通过，在三相定子绕组中就会产生旋转磁场，如图 3 - 5 所示。

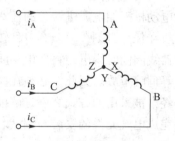

图 3 - 4　三相异步电动机定子接线

$$\begin{cases} i_U = I_m\sin\omega t \\ i_V = I_m\sin\left(\omega t - 120°\right) \\ i_W = I_m\sin\left(\omega t + 120°\right) \end{cases} \qquad （式 3 - 1）$$

当 $\omega t = 0°$ 时，$i_A = 0$，AX 绕组中无电流；i_B 为负，BY 绕组中的电流从 Y 流入、B 流出；i_C 为正，CZ 绕组中的电流从 C 流入、Z 流出。由右手螺旋定则可得合成磁场的方向如图 3 - 5（a）所示。

当 $\omega t = 120°$ 时，$i_B = 0$，BY 绕组中无电流；i_A 为正，AX 绕组中的电流从 A 流入、X 流出；i_C 为负，CZ 绕组中的电流从 Z 流入、C 流出。由右手螺旋定则可得合成磁场的方向如图 3 - 5（b）所示。

当 $\omega t = 240°$ 时，$i_C = 0$，CZ 绕组中无电流；i_A 为负，AX 绕组中的电流从 X 流入、A 流出；i_B 为正，BY 绕组中的电流从 B 流入、Y 流出。由右手螺旋定则可得合成磁场的方向如图 3 - 5（c）所示。

可见，当定子绕组中的电流变化一个周期时，合成磁场也按电流的相序方向在空间旋转一周。随着定子绕组中三相电流不断地做周期性变化，产生的合成磁场也不断地旋转，因此称为旋转磁场。

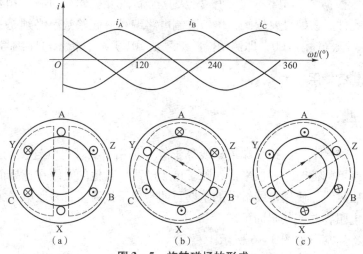

图 3 – 5　旋转磁场的形成

(a) $\omega t = 0°$；(b) $\omega t = 120°$；(c) $\omega t = 240°$；

2）旋转磁场的方向

旋转磁场的方向是由三相绕组中的电流相序决定的，若想改变旋转磁场的方向，只要改变通入定子绕组的电流相序，即将三根电源线中的任意两根对调即可。这时，转子的旋转方向也跟着改变。

三、电动机工作原理综述

当电动机的三相定子绕组通入三相对称交流电（幅值相等，频率相同，相位角互差120°）后，将产生一个旋转磁场，该旋转磁场切割转子绕组，从而在转子绕组中产生感应电流，载流的转子导体在定子旋转磁场作用下将产生电磁力，从而在电动机转轴上形成电磁转矩，驱动电动机旋转。简而言之，三相对称交流电→旋转磁场→感应电流→电磁转矩→电动机转轴旋转。

3.1.2　低压电气原理图的线号标识规则

采用电路编号法，即对电路中的各个接点用字母或数字编号。

一、主电路的线号标识规则

主电路在电源开关的出线端按相序依次编号为 U11、V11、W11，然后按从上至下、从左至右的顺序，每经过一个电气元件后，编号要递增，如 U12、V12、W12，U13、V13、W13 等。单台三相交流电动机（或设备）的三根引出线按相序依次编号为 U、V、W。对于多台电动机引出线的编号，为了不致引起误解和混淆，可在字母前用不同的数字加以区别，如 1U、IV、1W，2U、2V、2W。

二、辅助电路的线号标识规则

按照电路的布局要求，辅助电路按竖直方向布置，从左到右依次为控制电路、照明电路和指示电路等。

辅助电路编号根据"等电位"原则，按从上至下、从左至右的顺序用数字依次编号，每经过一个电气元件后，编号要依次递增。控制电路编号的起始数字必须是1，其他辅助电路编号的起始数字依次递增100，即照明电路编号从101开始，指示电路编号从201开始。

3.1.3 压线钳的使用

一、冷压端子

冷压端子又名绝缘端子、接线端子、线鼻子等，是用于实现电气连接的一种配件产品，工业上划分为连接器的范畴。一般来讲，除了单股硬线，其他的导线在连接前都要套上冷压端子，特别是多股软线。使用接线端子的主要目的是便于接线，将多股电线集中在一起可降低接头处的接触电阻，并使其牢固可靠。

常用的针形冷压端子如图3-6所示。

选用的冷压端子必须与连接导线的截面积相匹配。例如常用的针形冷压端子E0508、E7508、E1010、E1508、E2512等，其中，E表示针形冷压端子；后面的两位数字是指导线的截面积，分别是0.5 mm²、0.75 mm²、1 mm²、1.5 mm²、2.5 mm²；最后两位数字是指冷压端子露出的导电部分长度，单位为mm。

有时还用到双线针形冷压端子，例如TE0508、TE7508、TE1010、TE1508，TE2510等，其中，TE表示双线针形冷压端子，即一个端子中可以插入两根相同截面积的导线；后面的数字含义与上述相同。双线针形冷压端子如图3-7所示。

图3-6　针形冷压端子

图3-7　双线针形冷压端子

二、压线钳的操作

压线钳是用来压接导线线头与冷压端子，从而实现两者可靠连接的一种冷压模工具。常用的压线钳如图3-8所示。

导线的压接过程：

（1）将剥去绝缘的导线端头插入冷压端子的孔内（遇到阻力为止）；

（2）将压线钳手柄压合到底，并保持几秒；

（3）用剥线钳的刀口剪掉冷压端子头部露出的多余导线。

操作时的注意事项：

（1）导线和冷压端子的规格必须相符；

（2）压接部位在冷压端子套的中部，压接部位要正确；

图3-8　压线钳

（3）压线钳手柄要完全压到底；

（4）被压裸线的长度要超过压痕的长度。

3.1.4 线号机的使用

一、线号管

线号管是指用于配线标识的套管，管壁内侧有梅花状内齿，故又称为梅花管。内齿的主要作用是调整由于导线直径的偏差而引起的松动，线号管的材质一般为 PVC，如图 3-9 所示。

常用线号机在线号管上打印线号，用于配线标识，以便于接线、调试与维修。线号管的使用注意事项如下：

（1）同一根导线的两端必须都套管，并且线号相同；

图 3-9 线号管

（2）控制电路中"等电位"的导线线号必须相同；

（3）线号管上的线号必须字头向上或字头向左，并且有打印文字的部分朝外。

常用的是白色 PVC 内齿圆套管，常用规格为 $0.5~mm^2$、$0.75~mm^2$、$1.0~mm^2$、$1.5~mm^2$、$2.5~mm^2$、$4.0~mm^2$、$6.0~mm^2$，其规格与电线规格相匹配，如 $1.5~mm^2$ 电线应选用 $1.5~mm^2$ 线号管。

二、线号机的操作

线号机是用来打印接线号码管、字码套管、PVC 套管、热缩套管标识和标签贴纸的设备。目前市场上比较受欢迎的国产品牌有标映、硕方等。常用的标映线号机如图 3-10 所示。

图 3-10 标映线号机

1）线号管及色带的安装

具体操作步骤：上电→拨动按钮→掀开上盖→安装色带→安装线管→盖好上盖→操作完成，如图3-11所示。

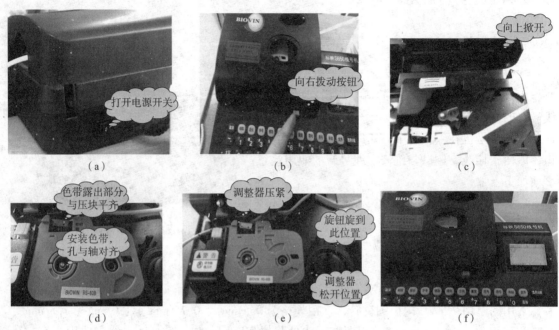

图3-11 标映线号机的安装步骤

（a）上电；（b）拨动按钮；（c）掀开上盖；

（d）安装色带；（e）安装线管；（f）盖好上盖

2）打印参数设置

将线号管和色带安装完毕后，还要对线号管的打印参数进行设置，主要有段长、字号、修饰、重复和半切等。

$1\ mm^2$ 导线的常用设置参数是：段长输入20，字号选3，修饰选无，重复根据需要设定，半切；$1.5\ mm^2$ 导线的常用设置参数是：段长输入20，字号选4，修饰选无，重复根据需要设定，半切。

3）输入打印

将需要打印的线号通过线号机键盘输入，并根据需要设置打印的套数，最后按"打印"键，线号机就会开始打印。

4）裁切取用

打印完成后，不能将打印好的信号管从出口强力拉出，要按下出口上方的剪切键，切断后取出，否则会影响打印效果或损坏线号机。

3.1.5 接线规范

一、接线前规范

1）图纸准备

电气原理图、电气元件布置图、电气安装接线图。

2）导线准备

1 mm² 的黄、绿、红、黑、蓝色线，2.5 mm² 的黄绿双色线等，如图 3 – 12 所示。

图 3 – 12　导线

（a）黄色导线；（b）绿色导线；（c）红色导线；（d）黑色导线；（e）黄绿双色线；（f）蓝色导线

3）接线工具及仪表准备（见图 3 – 13）

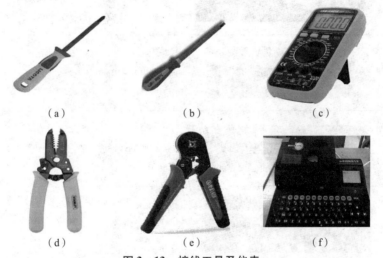

图 3 – 13　接线工具及仪表

（a）一字型螺丝刀；（b）十字型螺丝刀；（c）万用表；（d）剥线钳；（e）压线钳；（f）线号机

4）辅助材料准备（见图 3 – 14）

图 3 – 14　辅助材料

（a）针形冷压端子（根据线径选择）；（b）线号管（根据线径选择）

二、接线中规范

接线的步骤及规范见表 3 - 1。

表 3 - 1　接线的步骤及规范

步骤序号	图示	具体操作
1		根据电气原理图打印所需线号
2		测量所需导线长度，剪切导线
3		选择剥线钳上合适的挡位剥线
4		剥出 8 ~ 10mm 的铜丝
5		多股铜丝拧成一股
6		套上线号管
7		套上合适的冷压端子
8		用压线钳压端子
9		剪去冷压端子头部多余导线

步骤序号	图示	具体操作
10	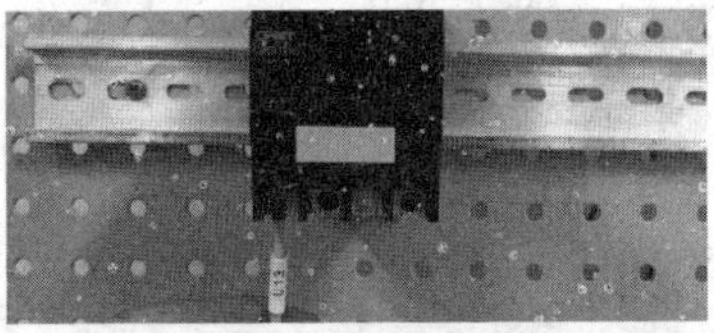	松开接线端螺丝，插冷压端子
11		拧紧接线端螺丝，压冷压端子
12	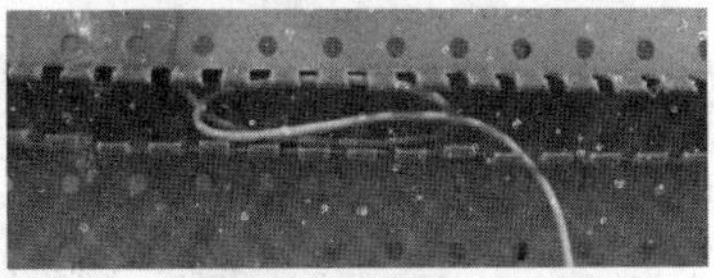	走线槽
13		最终效果

三、接线原则

（1）严格按照电气原理图、电气元件布置图和电气安装接线图接线。

（2）导线要严格按照国标选择合适的颜色和线径。

（3）先接主电路，再接控制电路。

（4）接线时遵循"上进下出、左进右出"的原则。

（5）导线要保证牢固可靠。

（6）同一接点处的冷压端子不能超过 2 个。

（7）导线必须走线槽。

（8）导线必须套线号管，线号管上的线号必须字头向上或字头向左，并且有打印文字的部分朝外。

■ 任务实施

3.1.6　安装与调试

接触器互锁电动机正反转的电气原理图如图 3 – 15 所示。

项目 3　三相异步电动机正反转控制安装与调试

089

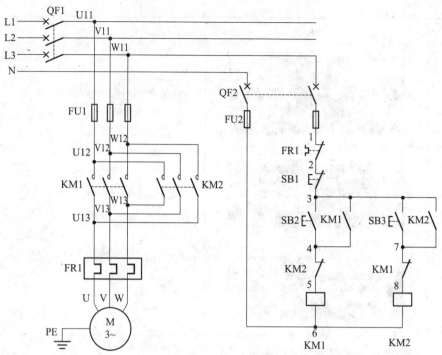

图 3 – 15   接触器互锁电动机正反转电气原理图

电动机的工作过程如下：

合上断路器 QF1、QF2→按下按钮 SB2→KM1 线圈通电→接触器辅助常闭触点 KM1 断开实现互锁（使 KM2 线圈断电），主触点 KM1 闭合，辅助常开触点 KM1 闭合实现自锁→电动机正转；

停止：按下停止按钮 SB1→接触器 KM1 和 KM2 线圈都断电→接触器主触点 KM1 和 KM2 均断开→电动机 M 停转。

按下按钮 SB3→KM2 线圈通电→接触器辅助常闭触点 KM2 断开实现互锁（使 KM1 线圈断电），主触点 KM2 闭合，辅助常开触点 KM2 闭合实现自锁→电动机反转。

步骤一：列出元器件清单（见表 3 – 2）

表 3 – 2   元器件清单

序号	电气符号	名称	数量	规格
1	QF			
2	FU			
3	FR			
4	KM			
5	M			
6	SB			

步骤二：绘制电气元件布置图

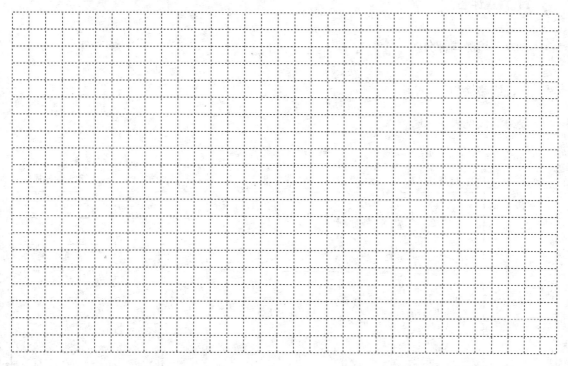

步骤三：绘制电气安装接线图

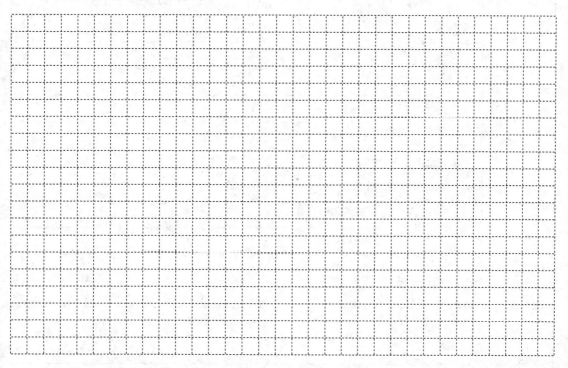

步骤四：按规范接线

■ 检查评估

3.1.7　检测与评分

一、线路检测

线路测试见表 3 – 3。

表 3 – 3　线路测试

	电路名称	动作指示	测试点 1	测试点 2	万用表测导通
不上电情况	主电路	无动作（常态）	U11	U	
			V11	V	
			W11	W	
		按 KM1 测试按钮	U11	U	
			V11	V	
			W11	W	
		按 KM2 测试按钮	U11	U	
			V11	V	
			W11	W	
	控制电路	常态	1	6	
		按 SB2	1	6	
		按 SB3	1	6	
		按 KM1 测试按钮	1	6	
		按 KM2 测试按钮	1	6	
		按 KM1&KM2 测试按钮	1	6	
		按 SB1&SB2	1	6	
		按 SB1&SB3	1	6	
上电情况	主电路状况描述				
	控制电路状况描述				

二、整体线路评分标准

整体线路评分标准见表 3 - 4。

表 3 - 4　整体线路评分标准

项目要求			分值	实际得分
功能	主电路	接线正确、不缺相	15	
	控制电路	启停、自锁功能	10	
		按钮正反转换接功能	10	
		接触器互锁	5	
		短路保护、过载保护	5	
工艺要求		元件稳固、平正，布局合理	5	
		导线压接松紧适当	5	
		布线合理、美观	10	
		线号标注完整、合理	5	
完成时间		按时完成得满分，延时 10 分钟扣 5 分	5	
不成功次数		一次成功得满分，不成功一次扣 5 分	10	
口试情况		随机提问 1~2 个问题	5	
5S 情况		5S（现场、工具及相关材料的整理与填写）	10	
实际总得分				

■ 总结回顾

（1）接触器互锁电动机正反转控制只能实现"正 - 停 - 反"或"反 - 停 - 正"控制，即必须按下停止按钮后才能换向，这对需要频繁改变电动机运转方向的设备来说很不方便。

（2）常见的接线规范。

（3）接触器互锁：将控制正转的交流接触器的辅助常闭触点串联在控制反转的交流接触器的线圈回路中；将控制反转的交流接触器的辅助常闭触点串联在控制正转的交流接触器的线圈回路中。

（4）在接触器互锁的电动机正反转控制电路中，当交流接触器的触点发生熔焊时，电气互锁功能就会失效。因此，对要求严格的控制还需采用机械互锁。

■ 课后习题

3 - 1 - 1　进行变压器耐压试验用的试验电压的频率应为（　　）Hz。

(A) 50　　　　　　(B) 100　　　　　　(C) 1 000　　　　　(D) 10 000

3 - 1 - 2　三相异步电动机定子各相绕组在每个磁极下应均匀分布，以达到（　　）的目的。

（A）磁场均匀 （B）磁场对称 （C）增强磁场 （D）减弱磁场

3-1-3 从工作原理来看，中、小型电力变压器的主要组成部分是（   ）。

（A）油箱和油枕 （B）油箱和散热器

（C）铁芯和绕组 （D）外壳和保护装置

3-1-4 在接触器互锁的正反转控制电路中，其联锁触头应是对方接触器的（   ）。

（A）主触头 （B）常开辅助触头 （C）常闭辅助触头 （D）辅助触头

3-1-5 进行变压器耐压试验时，试验电压的上升速度，先可以任意速度上升到额定试验电压的（   ）%，然后再以均匀缓慢的速度升到额定试验电压。

（A）10 （B）20 （C）40 （D）50

✿ 任务3.2 双重互锁电动机正反转控制安装与调试

■ 任务导入

在接触器互锁电动机正反转控制电路中，将己方交流接触器的辅助常闭触点串联到对方的交流接触器的线圈回路中，在实现电动机正反转功能的基础上，又避免了相间短路的发生。

但是，在接触器互锁的电动机正反转控制电路中，当交流接触器的触点发生熔焊（因电流过大导致动、静触点接触面熔化，冷却后粘在一起不能分断的现象）时，电气互锁功能就会失效，从而发生相间短路。解决此问题的线路如图3-16所示，请根据该电气原理图完成电气安装与调试。

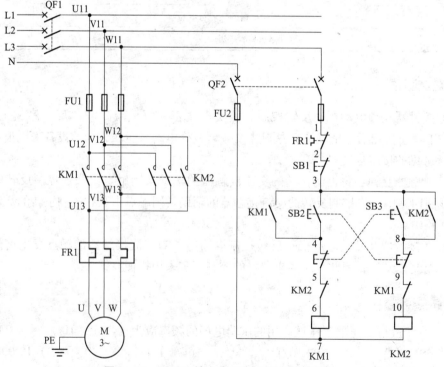

图3-16 双重互锁电动机正反转电气原理图

■ **任务分解**

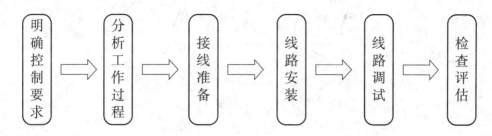

■ **资讯**

3.2.1 互锁

利用两个或多个常闭触点去控制对方的线圈回路，保证回路中线圈不会同时通电的功能称为"互锁"。目的是限制互锁的电器，使其不能同时动作，从而避免危险工况的出现。

一、电气互锁

如图 3 – 17 所示，将自身接触器的辅助常闭触点串入对方接触器线圈回路中，则在自身接触器线圈回路通电前，先切断对方接触器的线圈回路（辅助常闭触点先断开），然后才接通自身的线圈回路（辅助常开触点后闭合）。这样，即使按下相反方向（对方）的启动按钮，另一个接触器也无法通电，这种利用两个接触器的辅助常闭触点互相控制的方式，称为电气互锁、电气联锁或接触器互锁。起互锁作用的辅助常闭触点叫互锁触点。

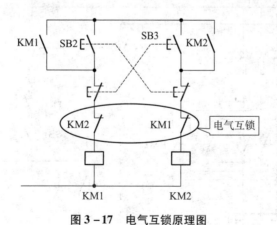

图 3 – 17 电气互锁原理图

二、机械互锁

如图 3 – 18 所示，复合按钮有常开触点和常闭触点，将常开触点作为启动按钮，而将常闭触点串接在对方接触器的线圈回路中，任一时刻按下复合按钮，在接通己方接触器线圈回路之前，先使对方接触器线圈回路断电（常闭触点先断开），然后才接通自身所控制的接触器线圈回路（常开触点后闭合）。这样，即使按下相反方向（对方）的复合按钮，另一个接触器也无法通电，这种利用两个复合按钮的常闭触点互相控制的方式，称为机械互锁、机械

联锁或按钮互锁。起互锁作用的常闭触点叫互锁触点。

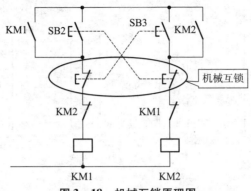

图 3 – 18　机械互锁原理图

若线路中既有电气互锁，又有机械互锁，则称为双重互锁。该线路操作方便、安全可靠，得到了广泛应用。

■ **任务实施**

3.2.2　双重互锁电动机正反转控制接线前准备

双重互锁电动机正反转控制的电气原理图如图 3 – 19 所示。

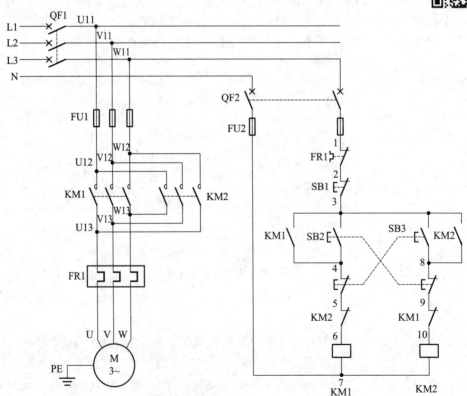

图 3 – 19　双重互锁电动机正反转控制的电气原理图

电动机的工作过程如下：

正转：合上断路器 QF1、QF2→按下按钮 SB2→SB2 常闭触点先断开，切断 KM2 线圈回路（机械互锁），然后 SB2 常开触点闭合→KM1 线圈通电→接触器辅助常闭触点 KM1 先断开（电气互锁），然后主触点 KM1 闭合，辅助常开触点 KM1 闭合实现自锁→电动机正转；

反转：按下按钮 SB3→SB3 常闭触点先断开，切断 KM1 线圈回路（机械互锁），然后 SB3 常开触点闭合→KM2 线圈通电→接触器辅助常闭触点 KM2 先断开（电气互锁），然后主触点 KM2 闭合，辅助常开触点 KM2 闭合实现自锁→电动机反转。

停止：按下停止按钮 SB1→接触器 KM1 和 KM2 线圈都断电→接触器主触点 KM1 和 KM2 均断开→电动机 M 停转。

列出元器件清单，见表 3 – 5。

表 3 – 5　元器件清单

序号	电气符号	名称	数量	规格
1	QF			
2	FU			
3	FR			
4	KM			
5	M			
6	SB			

3.2.3　双重互锁电动机正反转控制安装与调试

步骤一：绘制电气元件布置图

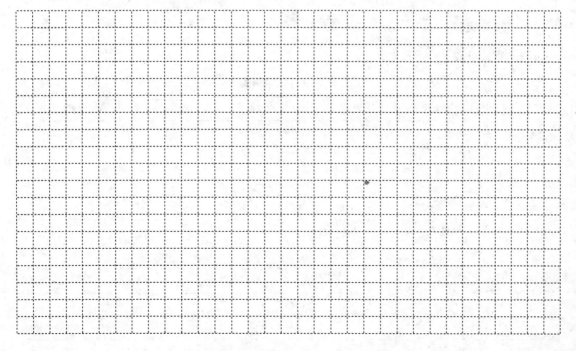

步骤二：绘制电气安装接线图

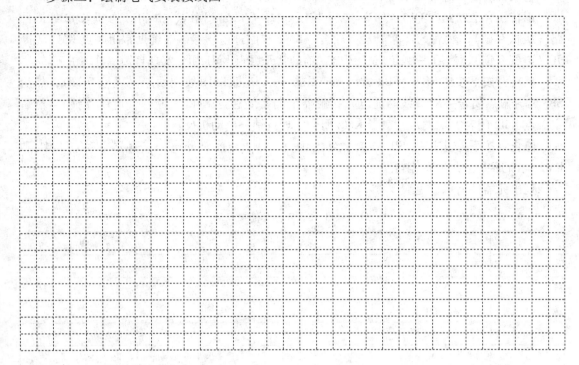

步骤三：按规范接线

具体请参照 3.1.5 中的表 3 - 1。

■ 检查评估

3.2.4 检测与评分

一、线路检测

线路测试见表 3 - 6。

表 3 - 6 线路测试

	电路名称	动作指示	测试点 1	测试点 2	万用表测导通
不上电情况	主电路	无动作（常态）	U11	U	
			V11	V	
			W11	W	
		按 KM1 测试按钮	U11	U	
			V11	V	
			W11	W	
		按 KM2 测试按钮	U11	U	
			V11	V	
			W11	W	

	电路名称	动作指示	测试点1	测试点2	万用表测导通
不上电情况	控制电路	常态	1	7	
		按 SB2	1	7	
		按 SB3	1	7	
		按 SB2&SB3	1	7	
		按 KM1 测试按钮	1	7	
		按 KM2 测试按钮	1	7	
		按 KM1&KM2 测试按钮	1	7	
		按 SB1&SB2	1	7	
		按 SB1&SB3	1	7	
上电后情况	主电路状况描述				
	控制电路状况描述				

二、整体线路评分标准

整体线路评分标准见表 3-7。

表 3-7　整体线路评分标准

		项目要求	分值	实际得分
功能	主电路	接线正确、不缺相	15	
	控制电路	启停、自锁功能	10	
		按钮正反转换接功能	10	
		电气互锁、机械互锁	10	
		短路保护、过载保护	5	
工艺要求		元件稳固、平正，布局合理	5	
		导线压接松紧适当	5	
		布线合理、美观	5	
		线号标注完整、合理	5	

续表

项目要求		分值	实际得分
完成时间	按时完成得满分，延时 10 分钟扣 5 分	5	
不成功次数	一次成功得满分，不成功一次扣 5 分	10	
口试情况	随机提问 1~2 个问题	5	
5S 情况	5S（现场、工具及相关材料的整理与填写）	10	
实际总得分			

■ 总结回顾

（1）对于要求严格、安全系数高（例如电梯）或需要直接正、反向切换的控制场合，除了电气互锁，还需采用机械互锁，从而构成双重互锁。不但可以多一层保护，还可以提高生产率。

（2）常见的接线规范。

（3）接触器触点发生熔焊的原因。

①负载（电动机）超负荷（负载所消耗的功率超过其额定值）运行，导致通过动、静触点间的电流过大；

②接触器的动、静触点因接触不良、压力弹簧弹性不足等引起的接触电阻过大，导致接触器过热；

③接触器工作电压不稳定，以及频繁使用等。

（4）按钮互锁：将控制正转的复合按钮的常闭触点串联在控制反转的交流接触器的线圈回路中；将控制反转的复合按钮的常闭触点串联在控制正转的交流接触器的线圈回路中。

■ 课后习题

3-2-1　电流表使用时要与被测电路（　　）。

（A）串联　　　　　（B）并联　　　　　（C）短路　　　　　（D）混联

3-2-2　正反转控制电路，在实际工作中最常用、最可靠的是（　　）。

（A）倒顺开关　　　　　　　　　　（B）接触器联锁

（C）按钮联锁　　　　　　　　　　（D）按钮、接触器双重联锁

3-2-3　按钮、接触器双重联锁的正反转控制电路，从正转到反转的操作过程是（　　）。

（A）按下反转按钮

（B）先按下停止按钮，再按下反转按钮

（C）先按下正转按钮，再按下反转按钮

（D）先按下反转按钮，再按下正转按钮

3-2-4　三相异步电动机正反转控制的关键是改变（　　）。

（A）电源电压　　　（B）电源相序　　　（C）电源电流　　　（D）负载大小

3-2-5　什么叫触点熔焊现象？正反转启动控制电路中采用什么具体措施可以避免因

触点熔焊而导致的主电路相间短路故障？

❋ 任务 3.3　工作台自动往返控制安装与调试

■ 任务导入

工作台自动往返的工作过程如图 3-20 所示。工作台左右运动的切换是由左右两个行程开关所控制的，即用行程开关来自动换接电动机正反转控制电路，实现工作台的自动往返运动。请根据该控制要求设计电气原理图并完成电气元件的安装与调试。

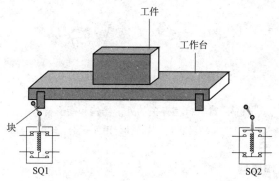

图 3-20　工作台自动往返运动示意图

■ 任务分解

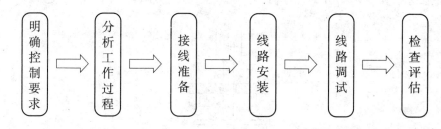

明确控制要求 → 分析工作过程 → 接线准备 → 线路安装 → 线路调试 → 检查评估

■ 资讯

3.3.1　行程开关

某些生产机械运动状态的转换，是靠部件运行到一定位置时由行程开关发出信号进行自动控制的。例如，行车运动到终端位置自动停车、工作台在指定区域内的自动往返移动都是

项目 **3**

三相异步电动机正反转控制安装与调试

101

由运动部件运动的位置或行程来控制的，这种控制称为行程控制。

行程控制是用行程开关代替按钮开关来实现对电动机的启动和停止控制，可分为限位断电、限位通电和自动往复循环等控制。

一、行程开关的外形结构及符号

机械式行程开关的外形结构如图3-21（a）所示，图3-21（b）所示为行程开关的图形符号，其文字符号为SQ。

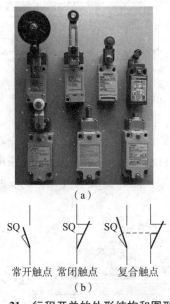

（a）

SQ   SQ   SQ

常开触点   常闭触点   复合触点

（b）

图3-21 行程开关的外形结构和图形符号

（a）外形结构；（b）图形符号

二、行程开关的工作原理

当生产机械的运动部件到达某一位置时，运动部件上的挡块碰压行程开关的操作头，使行程开关的触头改变状态，对控制电路发出接通、断开或变换某些控制电路的指令，以达到设定的控制要求。图3-22所示为直动式行程开关的动作原理图。

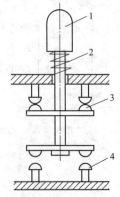

图3-22 直动式行程开关的动作原理图

1—推杆；2—弹簧；3—常闭（动断）触点；4—常开（动合）触点

其动作原理与复合按钮相同，当有外力压下推杆时，常闭触点先断开，接着常开触点闭合；当外力撤销后，推杆在弹簧的作用下复位，常开触点先恢复初始状态（断开），接着常闭触点恢复初始状态（闭合）。

三、行程开关的型号含义

行程开关的型号含义如下：

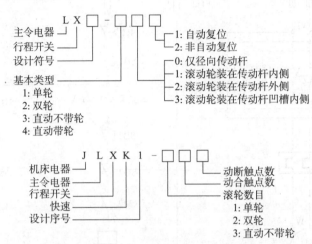

例如：LX19 – 111、JLXK1 – 111 等，这些产品结构简单、功能实用、价格低廉，受到广大使用者的青睐。

■ **任务实施**

3.3.2 工作台自动往返控制接线前准备

工作台自动往返控制的电气原理图如图 3 – 23 所示。

电动机的工作过程如下：

合上断路器 QF1、QF2→按下按钮 SB2→SB2 常闭触点先断开，切断 KM2 线圈回路（机械互锁），然后 SB2 常开触点闭合→KM1 线圈通电→接触器辅助常闭触点 KM1 先断开（电气互锁），然后主触点 KM1 闭合，辅助常开触点 KM1 闭合实现自锁→电动机正转，工作台向右运动（假设）→工作台至最右端撞击 SQ2→SQ2 常闭触点先断开，切断 KM1 线圈回路，然后 SQ2 常开触点闭合→KM2 线圈通电→接触器辅助常闭触点 KM2 先断开，然后主触点 KM2 闭合，辅助常开触点 KM2 闭合实现自锁→电动机反转，工作台向左运动。

如果先按下按钮 SB3，工作台先向左运动，至左极限后由 SQ1 切换到向右运动，分析过程与上述类似。

停止：按下停止按钮 SB1→接触器 KM1 和 KM2 线圈都断电→接触器主触点 KM1 和 KM2 均断开→电动机 M 停转，工作台停止运动。工作台可停留在左右极限中的任意位置。

列出元器件清单，见表 3 – 8。

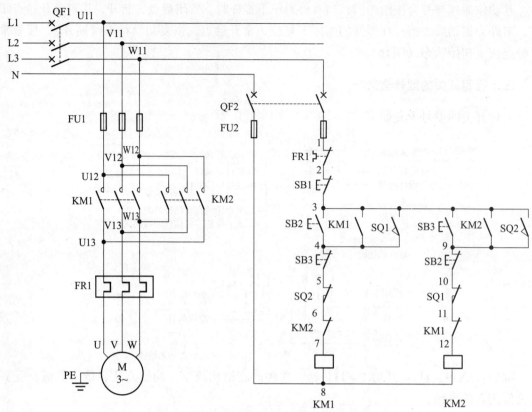

图 3-23 工作台自动往返控制电气原理图

表 3-8 元器件清单

序号	电气符号	名称	数量	规格
1	QF			
2	FU			
3	FR			
4	KM			
5	M			
6	SB			

3.3.3 工作台自动往返控制安装与调试

步骤一：绘制电气元件布置图

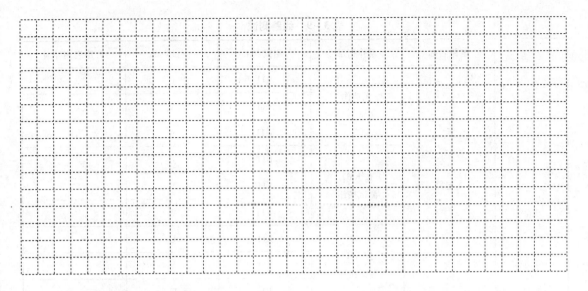

步骤二：绘制电气安装接线图

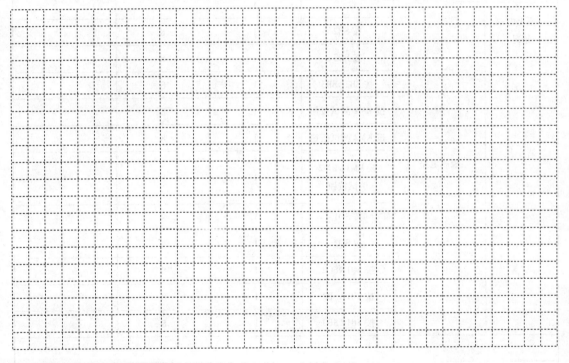

步骤三：按规范接线

具体请参照 3.1.5 中的表 3-1。

■ 检查评估

3.3.4　检测与评分

一、线路检测

线路测试见表 3-9。

表3-9　线路测试

	电路名称	动作指示	测试点1	测试点2	万用表测导通
不上电情况	主电路	无动作（常态）	U11	U	
			V11	V	
			W11	W	
		按KM1测试按钮	U11	U	
			V11	V	
			W11	W	
		按KM2测试按钮	U11	U	
			V11	V	
			W11	W	
	控制电路	常态	1	8	
		按SB2	1	8	
		按SB3	1	8	
		按SB2&SB3	1	8	
		按KM1测试按钮	1	8	
		按KM2测试按钮	1	8	
		按KM1&KM2测试按钮	1	8	
		按SQ1	1	8	
		按SQ2	1	8	
		按SQ1&SQ2	1	8	
		按SB1&SB2	1	8	
		按SB1&SB3	1	8	
上电后情况	主电路状况描述				
	控制电路状况描述				

二、整体线路评分标准

整体线路评分标准见表3-10。

表3-10 整体线路评分标准

项目要求			分值	实际得分
功能	主电路	接线正确、不缺相	15	
	控制电路	启停、自锁功能	10	
		按钮换接、行程开关换接功能	10	
		电气互锁、机械互锁、行程开关互锁	10	
		短路保护、过载保护	5	
工艺要求		元件稳固、平正，布局合理	5	
		导线压接松紧适当	5	
		布线合理、美观	5	
		线号标注完整、合理	5	
完成时间		按时完成得满分，延时10分钟扣5分	5	
不成功次数		一次成功得满分，不成功一次扣5分	10	
口试情况		随机提问1~2个问题	5	
5S情况		5S（现场、工具及相关材料的整理与填写）	10	
实际总得分				

■ 总结回顾

（1）行程开关控制工作台自动往返的应用场合。

（2）常见的接线规范。

（3）行程控制：用行程开关代替按钮开关来实现对电动机的启动和停止控制，可分为限位断电、限位通电和自动往复循环等控制。

■ 课后习题

3-3-1 自动往返控制电路一般通过（　　）来实现电动机的正反转运行。

（A）速度继电器　　（B）行程开关　　（C）按钮　　（D）热继电器

3-3-2 工厂车间的行车需要位置控制，行车两头的终点处各安装一个位置开关，两个位置开关要分别（　　）在电动机的正转和反转控制电路中。

（A）短接　　（B）混联　　（C）并联　　（D）串联

3-3-3 常用的绝缘材料包括：气体绝缘材料、（　　）和固体绝缘材料。

项目 **3**

三相异步电动机正反转控制安装与调试

（A）木头　　　　　（B）玻璃　　　　　（C）胶木　　　　　（D）液体绝缘材料

3－3－4　电力系统负载大部分是感性负载，要提高电力系统的功率因数常采用（　　）的方式。

（A）串联电容　　　（B）并联电容　　　（C）串联电感　　　（D）并联电感

3－3－5　起重机的升降控制线路属于（　　）控制线路。

（A）点动　　　　　（B）自锁　　　　　（C）正反转　　　　　（D）顺序

✵ 任务3.4　时间控制的电动机自动反转安装与调试

■ 任务导入

电动机的正反转换接可以通过按钮或行程控制，也可以通过时间控制。图3－24所示为时间控制的运料小车自动返程的工作示意图。装料小车从最低处沿着轨道向高处运料，到达卸料点后，停留一定的时间，卸料完成后沿着轨道滑到初始的装料位置，运料小车由电动机拖动。

请根据该控制要求设计电气原理图并完成电气的安装与调试。

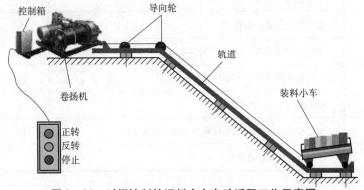

图3－24　时间控制的运料小车自动返程工作示意图

■ 任务分解

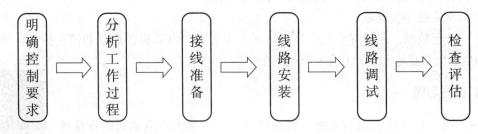

■ 资讯

3.4.1　时间继电器

时间继电器是指当加入（或去掉）输入的动作信号后，其输出电路需经过规定的准确时间才产生跳跃式变化（或触头动作）的一种继电器，即当吸引线圈通电或断电后，其触头需经过一定延时以后再动作，以控制电路的接通或分断。

一、时间继电器的分类

时间继电器的种类很多，主要有电磁式、空气阻尼式和电子式等几大类，延时方式有通电延时和断电延时两种。它被广泛用于控制生产过程中按时间原则制定的工艺程序，如笼型电动机 Y/△ 启动等。

空气阻尼式时间继电器延时时间有 0.4 ~ 180 s 和 0.4 ~ 60 s 两种规格，具有延时范围宽、结构简单、工作可靠、价格低廉、寿命长等优点，是交流控制线路中常用的时间继电器。它的缺点是有延时误差 ± （10% ~ 20%），无调节刻度指示，难以精确地整定延时值。在对延时精度要求高的场合，不宜使用这种时间继电器。

二、时间继电器的外形结构及符号

空气阻尼式时间继电器的外形结构如图 3 – 25 （a）所示，图 3 – 25 （b）所示为时间继电器的图形符号，其文字符号为 KT。

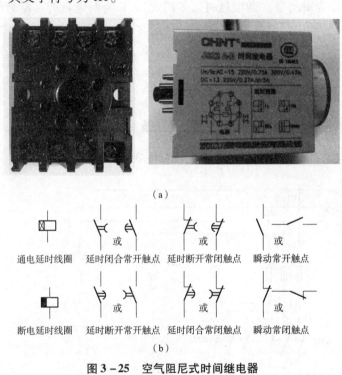

（a）

通电延时线圈　延时闭合常开触点　延时断开常闭触点　瞬动常开触点

断电延时线圈　延时断开常开触点　延时闭合常闭触点　瞬动常闭触点

（b）

图 3 – 25　空气阻尼式时间继电器

（a）外形结构；（b）图形符号

三、时间继电器的接线

由图 3 – 25 （a）可得，JSZ3 A – B 型时间继电器底座上有 8 个接线端，序号为 1 ~ 8，分别与铭牌上的接线示意图相对应。其中，2 与 7 之间是线圈，需接电源，如果接直流电源，必须是 2 接电源负极、7 接电源正极，不能接反；如果接交流电源，不分极性，可随意接。13 与 14、68 与 58 分别为两对组合触点，13 与 68 是通电延时闭合触点，14 与 58 为通电延时断开触点。

必须注意的是，当电路中需要一对通电延时闭合触点和一对通电延时断开触点时，需分别从两对组合触点中选取一对使用，即 13 和 58，或者 68 与 14。如果选择 13 和 14，或者 58 与 68 接入电路，将发生短路。

四、时间继电器的型号含义

时间继电器的型号含义如下：

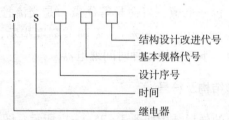

例如：JSZ3 A – B，JS：时间继电器；Z：综合型；3：设计序号；A：基型（通电延时，多挡式），另外，C 为瞬动型（通电延时，多挡式），F 为断电延时，K 为信号断开延时，Y 为星三角启动延时（通电延时），R 为往复循环定时（通电延时）；B：四挡时间可调，延时范围代号（适用于多档式）用 A、B、C、D、E、F、G 表示。

■ 任务实施

3.4.2 时间控制的电动机自动反转接线前准备

时间控制的电动机自动反转的电气原理图如图 3 – 26 所示。

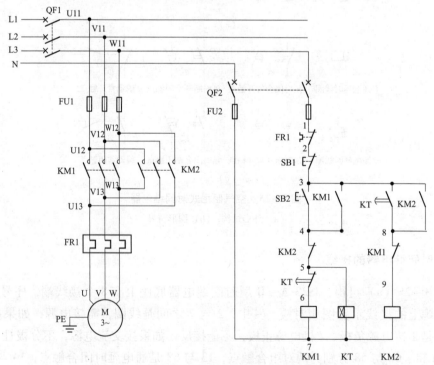

图 3 – 26 时间控制的电动机自动反转电气原理图

电动机的工作过程如下：

正转：合上断路器 QF1、QF2→按下按钮 SB2→KM1 线圈通电→接触器辅助常闭触点 KM1 先断开（电气互锁），然后主触点 KM1 闭合，辅助常开触点 KM1 闭合实现自锁→电动机正转；

反转：按下按钮 SB2 的同时，KT1 线圈通电（计时开始）→到达延时时间，KT1 常闭触点断开→KM1 线圈失电，KM1 辅助常闭触点复位，KT1 常开触点闭合→KM2 线圈通电，辅助常开触点 KM2 闭合实现自锁→电动机反转；

停止：按下停止按钮 SB1→KM1、KM2、KT1 线圈都断电→接触器主触点 KM1 和 KM2 均断开→电动机 M 停转。

列出元器件清单，见表 3 – 11。

表 3 – 11　元器件清单

序号	电气符号	名称	数量	规格
1	QF			
2	FU			
3	FR			
4	KM			
5	M			
6	SB			
7	KT			

3.4.3　时间控制的电动机自动反转安装与调试

步骤一：绘制电气元件布置图

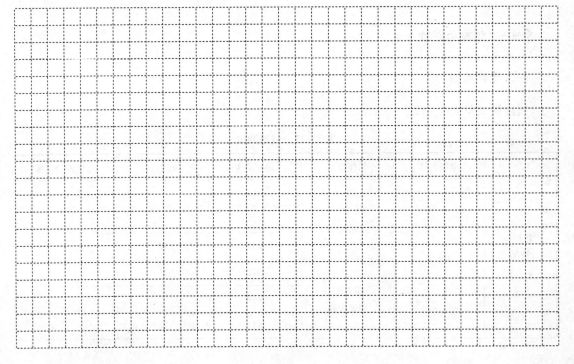

步骤二：绘制电气安装接线图

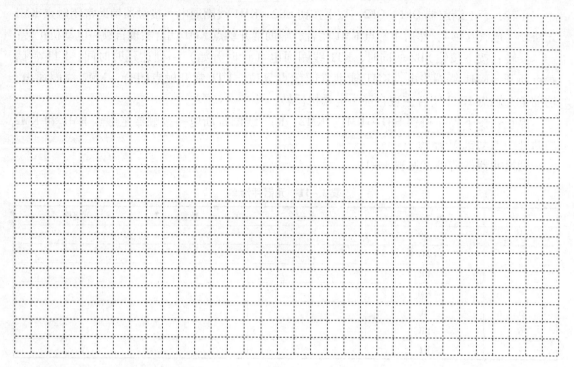

步骤三：按规范接线

具体请参照 3.1.5 中的表 3 – 1。

■ 检查评估

3.4.4　检测与评分

一、线路检测

线路测试见表 3 – 12。

表 3 – 12　线路测试

	电路名称	动作指示	测试点 1	测试点 2	万用表测导通
不上电情况	主电路	无动作（常态）	U11	U	
			V11	V	
			W11	W	
		按 KM1 测试按钮	U11	U	
			V11	V	
			W11	W	

	电路名称	动作指示	测试点1	测试点2	万用表测导通
不上电情况	主电路	按KM2测试按钮	U11	U	
			V11	V	
			W11	W	
	控制电路	常态	1	7	
		按SB2	1	7	
		按KM1测试按钮	1	7	
		按KM2测试按钮	1	7	
		按KM1&KM2测试按钮	1	7	
		按SB1&SB2	1	7	
上电后情况	主电路状况描述				
	控制电路状况描述				

二、整体线路评分标准

整体线路评分标准见表3-13。

表3-13 整体线路评分标准

项目要求			分值	实际得分
功能	主电路	接线正确、不缺相	15	
	控制电路	启停、自锁功能	10	
		时间控制正反转换接功能	10	
		电气互锁	10	
		短路保护、过载保护	5	
工艺要求		元件稳固、平正，布局合理	5	
		导线压接松紧适当	5	
		布线合理、美观	5	
		线号标注完整、合理	5	

续表

项目要求		分值	实际得分
完成时间	按时完成得满分，延时 10 分钟扣 5 分	5	
不成功次数	一次成功得满分，不成功一次扣 5 分	10	
口试情况	随机提问 1~2 个问题	5	
5S 情况	5S（现场、工具及相关材料的整理与填写）	10	
实际总得分			

■ 总结回顾

（1）时间控制的电动机自动反转的应用场合。

（2）常见的接线规范。

（3）时间控制：按照预定的时间间隔依次控制电动机启动或制动的方法。

■ 课后习题

3-4-1 异步电动机不希望空载或轻载的主要原因是（   ）。

（A）功率因数低   　　　　　　（B）定子电流较大

（C）转速太高有危险   　　　　（D）转子电流较大

3-4-2 晶体管时间继电器与气囊式时间继电器相比，寿命长短、调节性能和耐冲击性等三项性能（   ）。

（A）较差   　　　　　　（B）较良

（C）较优   　　　　　　（D）因使用场合不同而异

3-4-3 在电路参数测量过程中，电压是（   ），不随参考点的改变而改变。

（A）衡量   　　（B）变量   　　（C）绝对量   　　（D）相对量

3-4-4 通电延时时间继电器的延时触点动作情况是（   ）。

（A）线圈通电时触点延时动作，断电时触点瞬时动作

（B）线圈通电时触点瞬时动作，断电时触点延时动作

（C）线圈通电时触点不动作，断电时触点瞬时动作

（D）线圈通电时触点不动作，断电时触点延时动作

3-4-5 断路器相对于熔断器有什么优势？断路器除了手动脱扣还有哪两个脱扣机构？

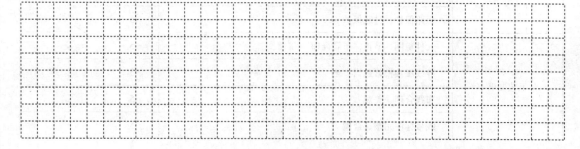

项目 4

三相异步电动机星三角启动控制安装与调试

✓ 项目介绍

三相异步电动机因其结构简单、价格便宜、可靠性高等优点被广泛应用。但在启动过程中启动电流较大（启动电流是运行电流的 5~7 倍），所以容量大（大于等于 7.5 kW）的电动机不能直接启动，星三角降压启动就是一种简单方便的启动方式。

例如，空压机（如图 4-1 所示）绝大多数采用星三角降压启动方式。启动时，电动机三相定子绕组成星形连接，经过 5~10 s 延时后，定子绕组转换成三角形连接。

图 4-1 空压机外形结构

本项目要求同学们明确控制要求，并能对电气原理图进行设计，最终根据电气原理图进行安装与调试。通过本项目的学习，希望能有以下收获。

✓ 学有所获

■ 知识目标

（1）掌握电动机星三角控制的原理。

（2）掌握电动机星三角启动（复合按钮控制）电气原理图的识读与设计。

（3）掌握电动机星三角启动（时间继电器控制）电气原理图的识读与设计。

（4）掌握时间继电器的接线技巧。

■ 能力目标

（1）能熟练使用常用电工工具。

（2）能熟练对电动机星三角启动进行设计、接线与调试。

（3）能快速找出电动机星三角控制过程中出现的故障点并独立解决。

✿ 任务4.1 电动机星三角启动安装与调试

■ 任务导入

星三角降压启动是指电动机启动时，把定子绕组接成星形，以降低启动电压、限制启动电流；等电动机启动后，再把定子绕组改接成三角形，使电动机全压运行。电动机星三角降压启动的实现方式主要有两种：按钮控制（手动控制）和时间继电器控制（自动控制）。

按钮控制的电动机星三角降压启动如图4-2所示，请根据该电气原理图完成电气元件的安装与调试。

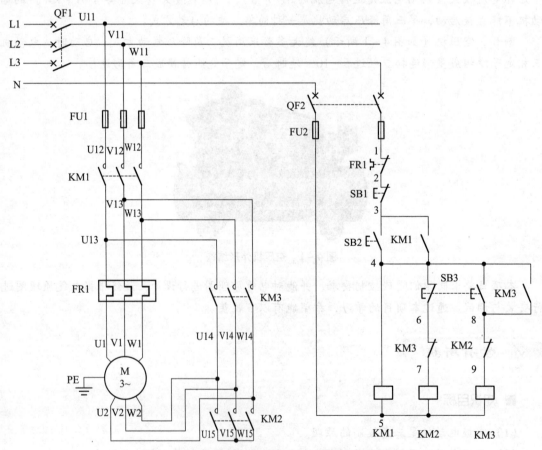

图4-2 按钮控制电动机星三角启动的电气原理图

■ 任务分解

■ 资讯

4.1.1　鼠笼式三相异步电动机的启动方式

三相异步电动机的启动方式主要有直接启动和降压启动。直接启动也叫全压启动，是指将电源电压（即全压）直接加到异步电动机的定子绕组，使电动机在额定电压下启动。一般 7.5 kW 以下的电动机均可采用。直接启动的特点是启动设备简单，启动时间短，启动方式简单、可靠，所需成本低；但启动电流较大，一般为额定电流的 5~7 倍，对电动机和电网有一定冲击。

降压启动是指启动时降低加在电动机定子绕组上的电压，启动后再将电压恢复至额定值，使电动机全压运行。降压启动最主要的特点是降低电动机启动电流，从而减小对电网的冲击；但由于转矩和电压的平方成正比，因此降压启动时电动机的启动转矩减少很多，故只适用于空载或轻载启动。

常见的降压启动方式主要有：定子绕组串电阻降压启动、自耦变压器降压启动和星三角降压启动。

一、定子绕组串电阻降压启动

定子绕组串电阻降压启动的主电路示意图如图 4 - 3 所示。

启动时，在每相定子绕组中串入电阻 R，利用串联分压原理，降低绕组上的电压；启动后，将启动电阻 R 短接，电动机进入全压运行。

二、自耦变压器降压启动

自耦变压器降压启动的主电路示意图如图 4 - 4 所示。

启动时，利用自耦变压器来降低加在定子绕组上的电压；启动后，将自耦变压器脱离，电动机进入全压运行。

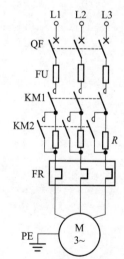

图 4 - 3　定子绕组串电阻降压启动的主电路示意图

自耦变压器降压启动的优点是不受电动机绕组接线方法的限制，可按照允许的启动电流和所需的启动转矩选择不同的抽头，常用于启动容量较大的电动机。其缺点是设备费用高，不宜频繁启动。

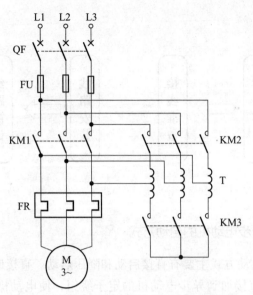

图 4 - 4　自耦变压器降压启动的主电路示意图

三、星三角降压启动

星三角降压启动的主电路示意图如图 4 - 5 所示。

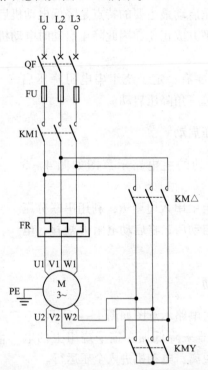

图 4 - 5　星三角降压启动的主电路示意图

启动时，把定子绕组接成星形，降低启动电压，减小启动电流；启动后，把定子绕组改接成三角形，电动机进入全压运行。

电动机采用星三角降压启动应满足三个条件：

（1）负载对电动机启动力矩无严格要求，且需限制电动机启动电流；

（2）电动机满足 380 V 星/三角接线条件；

（3）电动机正常运行时定子绕组的接法是三角形。

4.1.2　绕线式三相异步电动机启动方式

绕线式电动机与鼠笼式电动机结构有所不同，绕线式转子的绕组和定子绕组相似，三相绕组连接成星形，三根端线连接到装在转轴上的三个铜滑环上，通过一组电刷与外电路相连接。

绕线式异步电动机的转子串电阻启动示意图如图 4-6 所示。

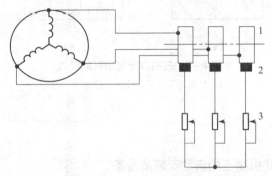

图 4-6　绕线式异步电动机的转子串电阻启动示意图

绕线式三相异步电动机，转子绕组通过滑环与电阻连接。外部串接电阻相当于转子绕组的内阻增加了，减小了转子绕组的感应电流。根据电动机的特性，转子串接电阻会降低电动机的转速，提高转动力矩，有更好的启动性能。

在这种启动方式中，由于电阻是常数，启动过程不够平稳，要想获得更加平稳的启动性能，必须增加启动级数，在启动过程中逐级切除，但是这样会使设备复杂化。

采用在转子上串频敏变阻器的启动方法，也可以使启动更加平稳。

频敏变阻器启动原理：电动机定子绕组接通电源电动机开始启动时，由于串接了频敏变阻器，电动机转子转速很低，启动电流很小，故转子频率较高，$f_2 \approx f_1$，频敏变阻器的铁损很大。随着转速的提升，转子电流频率逐渐降低，电感的阻抗随之减小，这就相当于启动过程中电阻的无级切除。当转速上升到接近于稳定值时，频敏电阻器短接，启动过程结束。

转子串电阻或频敏变阻器虽然启动性能好，可以重载启动，但由于只适合于价格昂贵、结构复杂的绕线式三相异步电动机，所以只是在启动控制、速度控制要求高的各种升降机、输送机、行车等行业使用。

4.1.3　鼠笼式三相异步电动机的接法

三相异步电动机的三相绕组共有六个接线头引出来，接在接线盒的六个接线柱上，并标着符号 U1、U2，V1、V2，W1、W2，称为 U、V、W 三相绕组，如图 4-7 所示。

把接线盒上面三个接线柱用金属片连接起来，下面三个接线柱再分别接电源，这种接法称为星形接线，用符号"Y"表示，如图 4-8（a）所示。把接线盒的六个接线柱中上、下两柱用金属片连接起来后，再

图 4-7　电动机的接线盒

分别接电源，这种接法称为三角形接线，用符号"△"表示，如图4-8（b）所示。

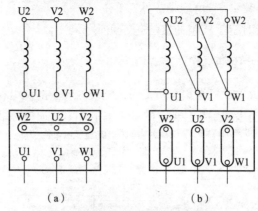

（a）   （b）

图4-8 三相异步电动机的接法

（a）Y接法示意图；（b）△接法示意图

■ **任务实施**

4.1.4 按钮控制电动机星三角启动安装前准备

按钮控制电动机星三角启动的电气原理图如图4-9所示。

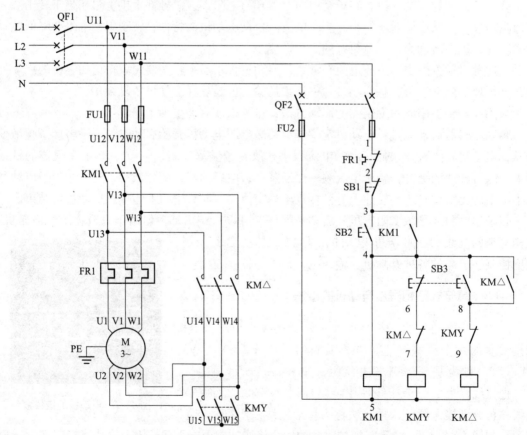

图4-9 按钮控制电动机星三角启动的电气原理图

电动机的工作过程如下：

合上断路器 QF1、QF2→按下按钮 SB2→KM1、KMY 线圈通电→接触器辅助常闭触点 KMY 先断开（电气互锁），然后主触点 KM1、KMY 闭合，辅助常开触点 KM1 闭合实现自锁→电动机星形启动。

按下按钮 SB3→SB3 常闭触点先断开，切断 KMY 线圈回路，辅助常闭触点 KMY 复位，然后 SB3 常开触点闭合→KM△线圈通电→接触器辅助常闭触点 KM△先断开（电气互锁），然后主触点 KM△闭合，辅助常开触点 KM△闭合实现自锁→电动机三角形全压运行。

停止：按下停止按钮 SB1→接触器 KM1、KMY 和 KM△线圈都断电→接触器主触点 KM1、KMY 和 KM△均断开→电动机 M 停转。

列出元器件清单，见表 4-1。

表 4-1　元器件清单

序号	电气符号	名称	数量	规格
1	QF			
2	FU			
3	FR			
4	KM			
5	M			
6	SB			

4.1.5　按钮控制电动机星三角启动安装与调试

步骤一：绘制电气元件布置图

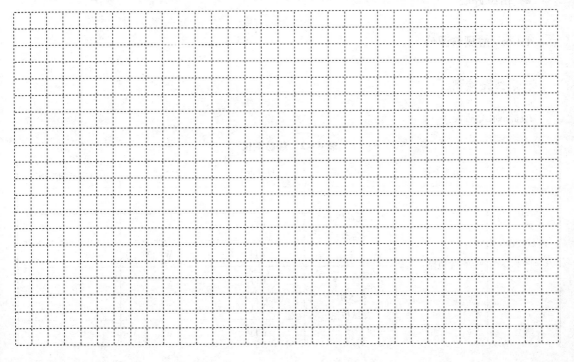

项目 **4**　三相异步电动机星三角启动控制安装与调试

步骤二：绘制电气安装接线图

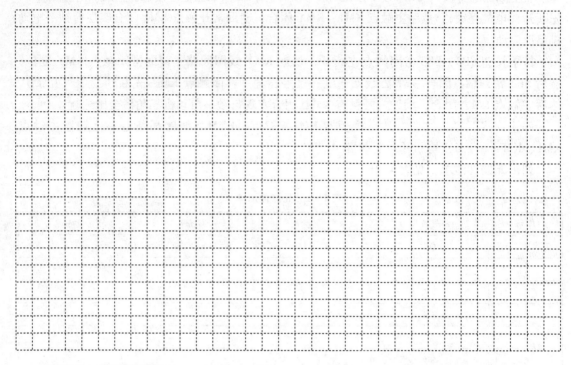

步骤三：按规范接线

具体的接线步骤可归纳为：打线号→剪导线→剥导线→套号管→套端子→压端子→剪余线→插端子→紧螺丝→走线槽。

■ 检查评估

4.1.6 检测与评分

一、线路检测

线路测试见表 4 – 2。

表 4 – 2 线路测试

	电路名称	动作指示	测试点 1	测试点 2	万用表测导通
不上电情况	主电路	无动作（常态）	U11	U1	
			V11	V1	
			W11	W1	
		按 KM1 测试按钮	U11	U1	
			V11	V1	
			W11	W1	

	电路名称	动作指示	测试点 1	测试点 2	万用表测导通
不上电情况	主电路	按 KMY 测试按钮	W2	U2	
			U2	V2	
		按 KM△ 测试按钮	U1	W2	
			V1	U2	
			W1	V2	
	控制电路	常态	1	5	
		按 SB2	1	5	
		按 KM1 测试按钮	1	5	
		按 SB1 & SB2	1	5	
上电后情况	主电路状况描述				
	控制电路状况描述				

二、整体线路评分标准

整体线路评分标准见表 4-3。

表 4-3 整体线路评分标准

项目要求			分值	实际得分
功能	主电路	接线正确、不缺相	15	
	控制电路	启停、自锁功能	10	
		星三角自动换接功能	10	
		接触器互锁	5	
		短路保护、过载保护	5	
工艺要求		元件稳固、平正，布局合理	5	
		导线压接松紧适当	5	
		布线合理、美观	10	
		线号标注完整、合理	5	

续表

项目要求		分值	实际得分
完成时间	按时完成得满分，延时 10 分钟扣 5 分	5	
不成功次数	一次成功得满分，不成功一次扣 5 分	10	
口试情况	随机提问 1~2 个问题	5	
5S 情况	5S（现场、工具及相关材料的整理与填写）	10	
实际总得分			

■ 总结回顾

（1）按钮控制电动机星三角启动的应用场合。

（2）常见的接线规范。

（3）当电动机功率较大时，宜采用三角形连接，因为各绕组供电电压为 380V，可以减小绕组上的电流，从而降低绕组上的发热量，但对于线圈的绝缘要求高（成本高）。相比而言，功率较小的电动机，为了降低绕组的绝缘要求（成本低），适宜采用星形连接。

■ 课后习题

4-1-1 三相对称负载作三角形连接时，相电流为 10 A，线电流最接近的值是（ ）A。

（A）14　　　　　（B）17　　　　　（C）7　　　　　（D）20

4-1-2 一台电动机绕组是星形连接，接到线电压为 380 V 的三相电源上，测得线电流是 10 A，则电动机每相绕组的阻抗值为（ ）Ω。

（A）38　　　　　（B）22　　　　　（C）66　　　　　（D）11

4-1-3 绕线式三相异步电动机，转子串电阻启动时（ ）。

（A）启动转矩增大，启动电流增大

（B）启动转矩减小，启动电流增大

（C）启动转矩增大，启动电流不变

（D）启动转矩增大，启动电流减小

4-1-4 异步电动机的常见电气制动方法有反接制动、回馈制动和（ ）。

（A）能耗制动　　　（B）抱闸制动　　　（C）液压制动　　　（D）自然停车

4-1-5 为了对一台电动机做功能检查，要将其接到测量工位上并且以正转工作。下面哪一个图示出了电动机接线板正确接到 400 V/3～的电源上？（ ）

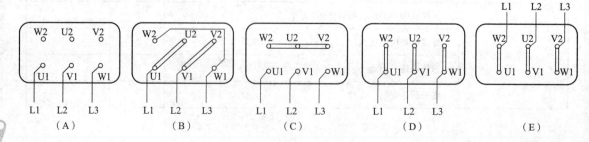

❋ 任务4.2 时间继电器控制电动机星三角启动安装与调试

■ 任务导入

电动机星三角启动转换时间是由负载大小决定的，小负载的转换运行时间短一点，约为 5 s，大负载为 8~12 s，甚至更长。按钮控制电动机星三角启动是一种手动控制方式，人为影响比较大。时间继电器控制电动机星三角启动可以根据设定的时间实现自动转换，控制精确，应用较广泛。

时间继电器控制的电动机星三角降压启动如图4-10所示，请根据该电气原理图完成电气元件的安装与调试。

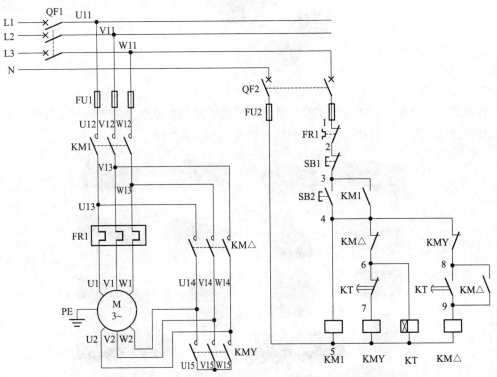

图4-10 时间继电器控制电动机星三角启动的电气原理图

■ 任务分解

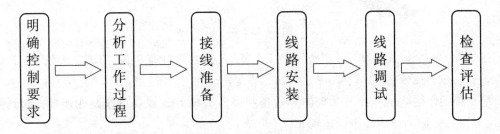

125

■ 资讯

4.2.1　端子排

一、端子排的组成及作用

一个导电片加一个绝缘片组成一个端子，如图 4 – 11 所示。

图 4 – 11　端子

许多端子组合在一起构成端子排，它其实就是一段封在绝缘塑料里面的金属片，两端所有孔都可以插入导线，有螺丝用于紧固或者松开，如图 4 – 12 所示。

图 4 – 12　端子排

端子排的一个接线位就是 1 "位" 或 1 "节"，按数量分有 2 位、3 位、4 位、6 位、12 位，等等；按容量分有 10 A、20 A、40 A，等等。

端子排的作用就是将屏内（柜内）设备和屏外（柜外）设备的线路相连接，起到信号（电流电压）传输的作用。主要体现在以下几方面：

（1）接线施工方便，如在安装配电柜时，柜门上的信号灯或仪表都要接到端子排。

（2）维修测量方便，即发生故障时查线方便。

（3）节点扩展方便，特别适用于电源信号的节点扩展。

二、端子排的接线方式

端子排中的端子按接线方式分为压接端子、插接端子和快接端子（弹簧式接线端子）。

压接端子：导线需要做压接端头（如铜、铝鼻子），再用螺丝或螺栓拧压在端子上，一般是通过电流较大的端子，以确保连接可靠。

插接端子：将导线绝缘剥去一段，可将导体直接插入端子窗口，最好套上冷压端子后再插入端子窗口，然后再用端子自带螺丝拧紧，适用于通过电流在几十安培以下的端子。

快接端子（弹簧端子）：只要将导线绝缘剥去一段，将导体插入端子窗口，就会自动锁住，完成接线。

三、端子排的接线注意事项

（1）同一接线端子允许最多接两根相同类型及规格的导线。

（2）单芯硬线的线头要以"?"型接到端子，以增加接触面积及防止松动。

（3）多股线芯的线头应先进一步绞紧，然后再与接线端子连接。

（4）线头与接线端子必须连接得牢固可靠，并尽量减少接触电阻。

四、端子排的常用型号

端子排的文字符号为 XT，最常用的为 TB 系列和 TD 系列。TB 是固定式螺钉端子排，在 TB1512 中，15：额定电流为 15 A；12：端子排共 12 位。TD 是导轨式组合端子排，在 TD1510 中，15：额定电流为 15 A；10：端子排共 10 位。

■ **任务实施**

4.2.2　时间继电器控制电动机星三角启动安装前准备

时间继电器控制电动机星三角启动的电气原理图如图 4 – 13 所示。

电动机的工作过程如下：

合上断路器 QF1、QF2→按下按钮 SB2→KM1、KMY 线圈通电→接触器辅助常闭触点 KMY 先断开（电气互锁），然后主触点 KM1、KMY 闭合，辅助常开触点 KM1 闭合实现自锁→电动机星形启动。

按下按钮 SB2 的同时，KT1 线圈通电（计时开始）→到达延时时间，KT1 常闭触点断开→KMY 线圈失电，KMY 辅助常闭触点复位，KT1 常开触点闭合→KM△线圈通电，辅助常闭触点 KM△先断开（电气互锁），辅助常开触点 KM△闭合实现自锁→电动机三角形全压运行。

停止：按下停止按钮 SB1→KM1、KMY、KT1、KM△线圈都断电→接触器主触点 KM1、KMY 和 KM△均断开→电动机 M 停转。

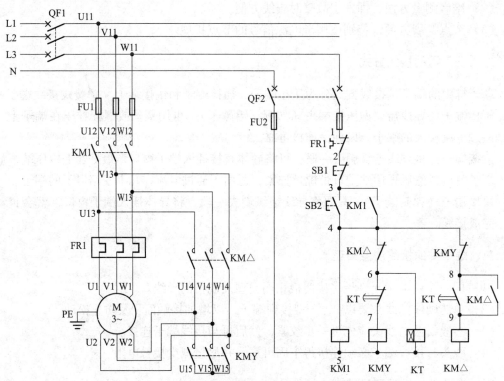

图 4-13 时间继电器控制电动机星三角启动的电气原理图

列出元器件清单，见表 4-4。

表 4-4 元器件清单

序号	电气符号	名称	数量	规格
1	QF			
2	FU			
4	KM			
4	FR			
5	M			
6	SB			
7	KT			

4.2.3 时间继电器控制电动机星三角启动安装与调试

步骤一：绘制电气元件布置图

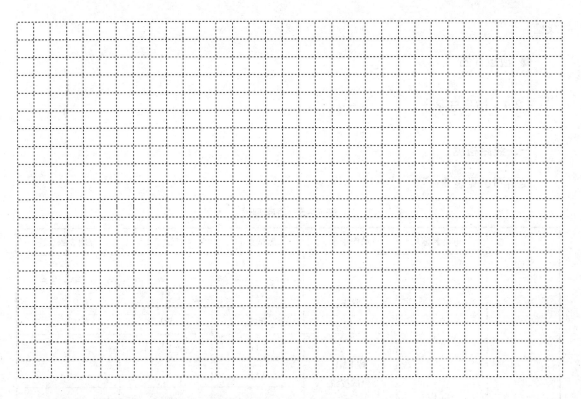

步骤二：绘制电气元件安装接线图

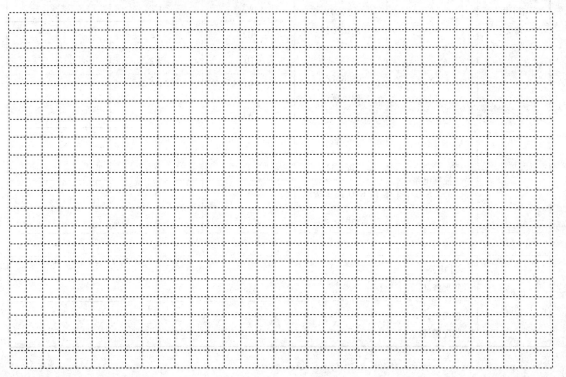

步骤三：按规范接线

打线号→剪导线→剥导线→套号管→套端子→压端子→剪余线→插端子→紧螺丝→走

线槽。

■ 检查评估

4.2.4 检测与评分

一、线路检测

线路测试见表 4 - 5。

表 4 - 5 线路测试

	电路名称	动作指示	测试点 1	测试点 2	万用表测导通
不上电情况	主电路	无动作（常态）	U11	U1	
			V11	V1	
			W11	W1	
		按 KM1 测试按钮	U11	U1	
			V11	V1	
			W11	W1	
		按 KMY 测试按钮	W2	U2	
			U2	V2	
		按 KM△ 测试按钮	U1	W2	
			V1	U2	
			W1	V2	
	控制电路	常态	1	5	
		按 SB2	1	5	
		按 KM1 测试按钮	1	5	
		按 SB1 & SB2	1	5	
上电后情况	主电路状况描述				
	控制电路状况描述				

二、整体线路评分标准

整体线路评分标准见表 4 - 6。

表 4-6　整体线路评分标准

		项目要求	分值	实际得分
功能	主电路	接线正确、不缺相	15	
	控制电路	启停、自锁功能	10	
		星三角自动换接功能	10	
		接触器互锁	5	
		短路保护、过载保护	5	
工艺要求		元件稳固、平正，布局合理	5	
		导线压接松紧适当	5	
		布线合理、美观	10	
		线号标注完整、合理	5	
完成时间		按时完成得满分，延时 10 分钟扣 5 分	5	
不成功次数		一次成功得满分，不成功一次扣 5 分	10	
口试情况		随机提问 1～2 个问题	5	
5S 情况		5S（现场、工具及相关材料的整理与填写）	10	
实际总得分				

■ 总结回顾

（1）时间继电器控制电动机星三角启动的应用场合。

（2）常见的接线规范。

（3）端子排上的一位对应于电气原理图中的一个接线点，控制电路中的按钮每一对触点（常开/常闭）是两个接线点，需要用到端子排上的两位，一般选用端子排上相邻的两位。

■ 课后习题

4-2-1　采用降压启动的最主要目的是（　　）。

（A）减小启动转矩　　　　　　　　　（B）减小启动电流

（C）减小启动电压　　　　　　　　　（D）减小启动转速

4-2-2　三相对称负载接成三角形时，若某相线的线电流为 1 A，则三相线电流的矢量和为（　　）A。

（A）3　　　　　　（B）1　　　　　　（C）2　　　　　　（D）0

4-2-3　在三相四线制中性点接地供电系统中，线电压是指（　　）的电压。

（A）相线之间　　　　　　　　　　　（B）中性线对地之间

（C）相线对零线之间　　　　　　　　（D）相线对地之间

4-2-4　当异步电动机采用星形/三角形降压启动时，每相定子绕组承受的电压是三角形接法全压启动时的（　　）倍。

(A) 2 　　　　　　(B) 3 　　　　　　(C) 1/$\sqrt{3}$ 　　　　　　(D) 1/3

4 – 2 – 5　图 4 – 14 所示的电路中相线电流 I_L（单位：A）为多大？（　　　）

(A) $l_L = 9.1$ A 　　　　　　　　　　　　　(B) $l_L = 16.5$ A

(C) $l_L = 27.3$ A 　　　　　　　　　　　　(D) $l_L = 28.6$ A

(E) $l_1 = 85.8$ A

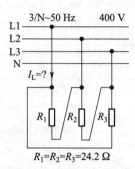

图 4 – 14　题 4 – 2 – 5 图

项目 5

三台泵电气控制线路的安装与调试

　　随着社会的发展，城市高层建筑越来越多，曾造成严重的供水问题，主要是因为不同楼层的压力波动造成供水障碍。恒压供水系统应运而生，系统根据用水量实时调整进入工作的水泵数量，从而保持管网压力的恒定。水泵是由电动机控制的，一般的控制策略是顺序启动、逆序停止，如图 5-1 所示。

　　电动机的顺序启动在机床中应用也较多，例如，磨床要求先启动润滑油泵，再启动主轴电动机；铣床主轴旋转后工作台才能移动；龙门刨床工作台移动前，要先启动导轨润滑油泵等。

　　电动机的多地控制应用也很广泛，例如，电梯控制、工厂的行车控制、机床控制等。如在配电室（动力柜、箱）、操作室（控制台）与现场（机床电机旁），要求都能控制电动机等。

　　本项目要求同学们明确控制要求，并能对电气原理图进行设计，最终根据电气原理图进行安装与调试。通过本项目的学习，希望能有以下收获。

图 5-1　三台泵恒压供水设备

■ **知识目标**

（1）掌握电气原理图的设计技巧。

（2）掌握电动机多地控制电气原理图。

（3）掌握电动机的顺序启动、逆序停止控制电气原理图。

（4）掌握接线排故的技巧。

■ 能力目标

（1）能熟练使用常用电工工具。

（2）能熟练对电动机多地控制进行设计、安装与调试。

（3）能熟练对电动机顺序启动、逆序停止进行设计、安装与调试。

（4）能快速找出电动机多地控制、顺序启动、逆序停止过程中出现的故障点并独立解决。

❋ 任务5.1　电动机多地控制线路安装与调试

■ 任务导入

电动机多地控制广泛地应用于工业生产线或加工设备，不同角色的人可以在不同的地方实现相同功能的控制，例如配电室、操作室和设备现场等。其方便操作，可提高工作效率，也有利于安全（例如急停按钮的多地控制）。

请根据该控制要求设计一个能两地实现启动、停止同一台电动机的电气原理图，实现电动机单方向连续运行，并完成电气元件的安装与调试。

■ 任务分解

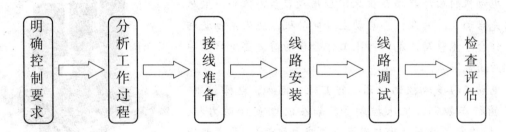

■ 资讯

5.1.1　多地控制

多地控制是指能在两地及以上控制同一台电动机的工作方式，包括多地启动和多地停止。

多地启动意味着能在两地及以上启动同一台电动机，各启动按钮的功能对等、相互独立，彼此之间应该采用并联；多地停止意味着能在两地及以上停止同一台电动机，各停止按钮之间也是相互独立的，所以彼此之间应该采用串联。三地启动、停止同一台电动机的控制电路如图 5-2 所示。

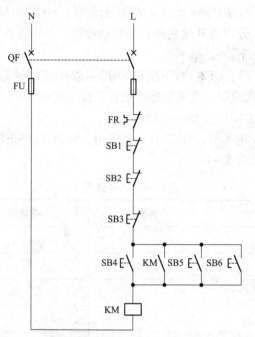

图 5-2　三地启动、停止同一台电动机的控制电路

将图 5-2 中各按钮分别安装在不同的地方，即可进行多地操作。SB4、SB5、SB6 均为启动按钮，SB1、SB2、SB3 均为停止按钮。

■ 任务实施

5.1.2　电动机多地控制线路接线前准备

电动机多地控制的电气原理图如图 5-3 所示。

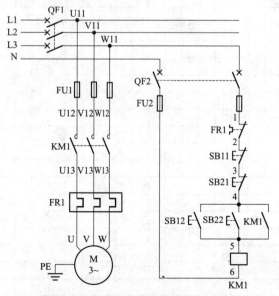

图 5-3　电动机多地控制的电气原理图

假设 A、B 两地均可实现对同一台电动机 M 的控制，SB11 和 SB12 分别为 A 地的停止和启动按钮，SB21 和 SB22 分别为 B 地的停止和启动按钮。

电动机的工作过程如下：

A 地：合上断路器 QF1、QF2→按下按钮 SB12→KM1 线圈通电→主触点 KM1 闭合，辅助常开触点 KM1 闭合实现自锁→电动机连续运行；按下按钮 SB11→KM1 线圈断电→主触点 KM1 断开，辅助常开触点 KM1 复位→电动机停转。

B 地的工作过程与 A 地类似，SB22 是启动按钮，SB21 是停止按钮。

列出元器件清单，见表 5 - 1。

表 5 - 1　元器件清单

序号	电气符号	名称	数量	规格
1	QF			
2	FU			
4	KM			
4	FR			
5	M			
6	SB			

5.1.3　电动机多地控制线路安装与调试

步骤一：绘制电气元件布置图

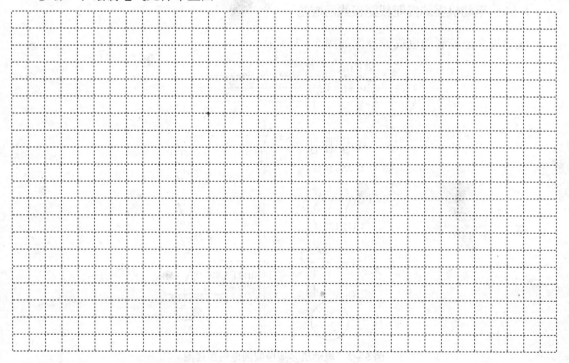

步骤二：绘制电气安装接线图

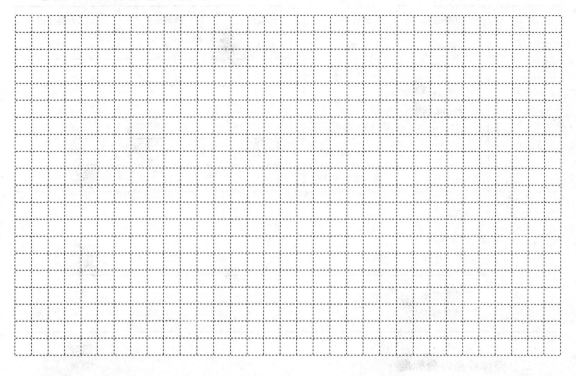

步骤三：按规范接线

打线号→剪导线→剥导线→套号管→套端子→压端子→剪余线→插端子→紧螺丝→走线槽。

■ **检查评估**

5.1.4 检测与评分

一、线路检测

线路测试见表 5 - 2。

表 5 - 2 线路测试

情况	电路名称	动作指示	测试点 1	测试点 2	万用表测导通
不上电情况	主电路	无动作（常态）	U11	U1	
			V11	V1	
			W11	W1	
		按 KM1 测试按钮	U11	U1	
			V11	V1	
			W11	W1	

	电路名称	动作指示	测试点1	测试点2	万用表测导通
不上电情况	控制电路	常态	1	6	
		按SB12	1	6	
		按SB22	1	6	
		按KM1测试按钮	1	6	
		按SB11&SB12	1	6	
		按SB21&SB22	1	6	
上电后情况	主电路状况描述				
	控制电路状况描述				

二、整体线路评分标准

整体线路评分标准见表5-3。

表5-3　整体线路评分标准

项目要求			分值	实际得分
功能	主电路	接线正确、不缺相	15	
	控制电路	地点A启停、自锁功能	10	
		地点B启停、自锁功能	10	
		短路保护、过载保护	5	
工艺要求		元件稳固、平正，布局合理	5	
		导线压接松紧适当	5	
		布线合理、美观	10	
		线号标注完整、合理	5	
完成时间		按时完成得满分，延时10分钟扣5分	5	
不成功次数		一次成功得满分，不成功一次扣5分	10	
口试情况		随机提问1~2个问题	5	
5S情况		5S（现场、工具及相关材料的整理与填写）	10	
实际总得分				

■ 总结回顾

（1）电动机多地控制的应用场合。

（2）常见的接线规范。

（3）多地控制实现方式：多地之间的启动按钮并联，多地之间的停止按钮串联。

■ 课后习题

5 – 1 – 1　多地控制，需把各地的启动按钮（　　）。

（A）并联　　　　　　（B）串联　　　　　　（C）混联　　　　　　（D）短接

5 – 1 – 2　多地控制，需把各地的停止按钮（　　）。

（A）并联　　　　　　（B）串联　　　　　　（C）混联　　　　　　（D）短接

5 – 1 – 3　维修电工以电气原理图、电气安装接线图和（　　）最为重要。

（A）配线方式图　　　（B）接线方式图　　　（C）组件位置图　　　（D）元件布置图

5 – 1 – 4　把电气设备的金属外壳、架构与系统中的（　　）可靠地连接称为保护接地。

（A）零线 N　　　　　　　　　　　　　　　（B）PE 线

（C）PEN 线　　　　　　　　　　　　　　　（D）专用接地装置

5 – 1 – 5　实际中为了操作安全，有时需要使操作者的双手固定在安全区域才允许启动设备。设计一个双手同时按启动按钮时电动机才可以启动的控制电路图（不需要画主电路）。

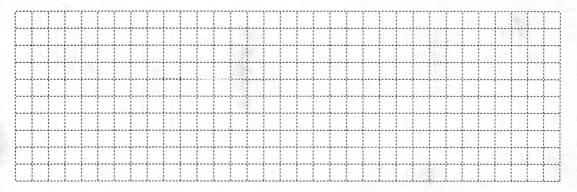

任务 5.2　电动机顺序启动控制线路安装与调试

■ 任务导入

电动机顺序启动控制广泛应用于机床，例如，磨床要求先启动润滑油泵电动机，再启动主轴电动机，否则将大大加剧主轴与主轴轴承的磨损，降低磨床精度与使用寿命。

两台电动机顺序启动（连续运行），如图 5 – 4 所示，请根据该电气原理图完成电气元件的安装与调试。

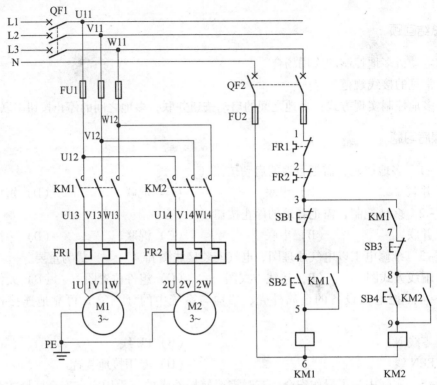

图5-4 电动机顺序启动控制的电气原理图

■ 任务分解

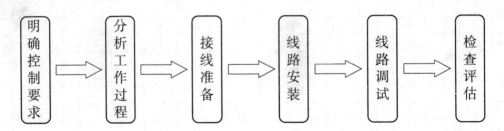

■ 资讯

5.2.1 电动机顺序启动控制线路

在生产实践中，有时要求一个拖动系统中多台电动机能实现先后顺序工作。两台电动机顺序启动控制线路如图5-5所示。

在图5-5（a）中，接触器KM1控制电动机M1的启动、停止；接触器KM2控制电动机M2的启动、停止。

工作过程如下：

合上开关QF→按下按钮SB1→接触器KM1线圈通电→KM1主触点闭合，KM1辅助常开触点闭合自锁→电动机M1启动并连续运行→按下按钮SB2→接触器KM2线圈通电→KM2主触点闭合，KM2辅助常开触点闭合自锁→电动机M2启动并连续运行。

按下按钮 SB3，两台电动机 M1 和 M2 同时停止。

如果改用图 5－5（b）所示控制线路的接法，可以省去接触器 KM1 的辅助常开触点，使线路得到简化。

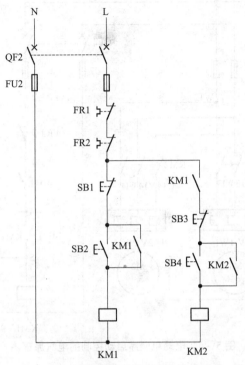

图 5－5 两台电动机顺序启动控制线路

电动机顺序控制的接线规律如下：

若要求接触器 KM1 动作后接触器 KM2 才能动作，则将接触器 KM1 的常开触点串联到接触器 KM2 的线圈回路中。

5.2.2 电动机顺序启动控制的规则

电动机顺序启动控制的实现方式有两种：手动控制，在后启动的电动机线圈电路中串入先启动电动机所对应的接触器辅助常开触点；自动控制，通过时间继电器的通电延时功能来实现。

顺序启动控制：多台电动机的启动必须按一定的先后顺序来完成的控制方式。

控制规则：如果设计先启动的电动机没有运转，则设计后启动的电动机也绝对运转不了，即先启动的电动机运转是后启动电动机实现运转的必要条件。

控制规则所蕴含的意思是：除了第一台电动机具备独立启动的功能外，后启动的电动机都不具备独立启动的功能。

■ **任务实施**

5.2.3 电动机顺序启动控制接线前准备

电动机顺序启动控制的电气原理图如图 5－6 所示。

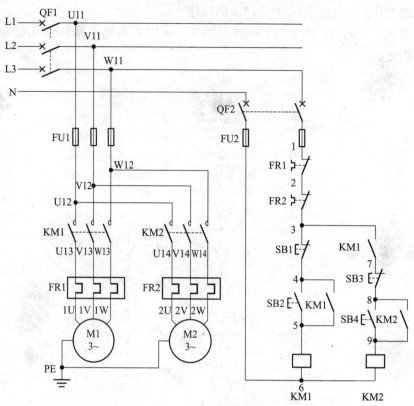

图 5 - 6　电动机顺序启动控制的电气原理图

电动机的工作过程如下：

合上开关 QF1、QF2→按下按钮 SB2→接触器 KM1 线圈通电→KM1 主触点闭合，KM1 辅助常开触点闭合自锁→电动机 M1 启动并连续运行→按下按钮 SB4→接触器 KM2 线圈通电→KM2 主触点闭合，KM2 辅助常开触点闭合自锁→电动机 M2 启动并连续运行。

按下按钮 SB1，两台电动机 M1 和 M2 同时停止。

列出元器件清单，见表 5 - 4。

表 5 - 4　元器件清单

序号	电气符号	名称	数量	规格
1	QF			
2	FU			
4	KM			
4	FR			
5	M			
6	SB			

5.2.4　电动机顺序启动控制安装与调试

步骤一：绘制电气元件布置图

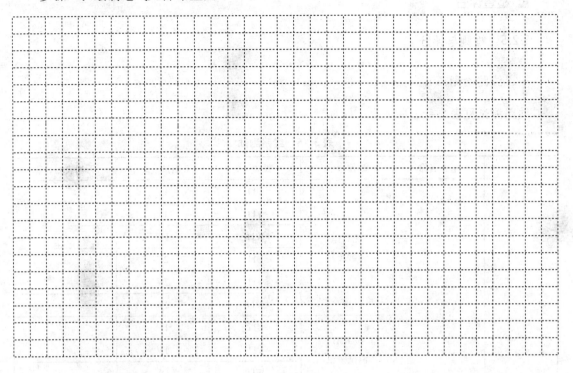

步骤四：绘制电气安装接线图

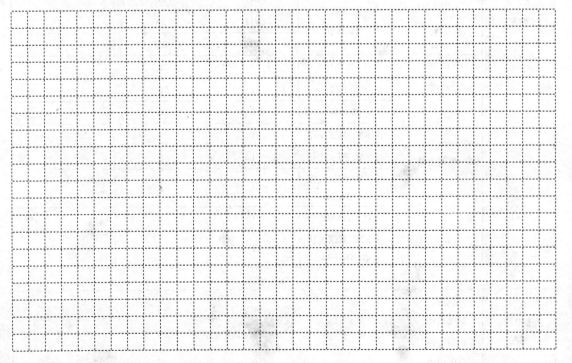

步骤五：按规范接线

打线号→剪导线→剥导线→套号管→套端子→压端子→剪余线→插端子→紧螺丝→走线槽。

■ **检查评估**

5.2.5 检测与评分

一、线路检测

线路测试见表5-5。

表5-5 线路测试

	电路名称	动作指示	测试点1	测试点2	万用表测导通
不上电情况	主电路	无动作（常态）	U11	1U	
			V11	1V	
			W11	1W	
			U11	2U	
			V11	2V	
			W11	2W	
		按KM1测试按钮	U11	1U	
			V11	1V	
			W11	1W	
		按KM2测试按钮	U11	2U	
			V11	2V	
			W11	2W	
	控制电路	常态	1	6	
		按SB2	1	6	
		按SB4	1	6	
		按KM1测试按钮	1	6	
		按KM2测试按钮	1	6	
		按KM1测试按钮&SB1&SB4	1	6	
		按SB1&SB2	1	6	
		按KM1测试按钮&SB3&SB4	1	6	
上电后情况	主电路状况描述				
	控制电路状况描述				

二、整体线路评分标准

整体线路评分标准见表5-6。

表5-6 整体线路评分标准

		项目要求	分值	实际得分
功能	主电路	接线正确、不缺相	15	
	控制电路	顺序启动功能	10	
		自锁、停止功能	10	
		短路保护、过载保护	5	
工艺要求		元件稳固、平正，布局合理	5	
		导线压接松紧适当	5	
		布线合理、美观	10	
		线号标注完整、合理	5	
完成时间		按时完成得满分，延时10分钟扣5分	5	
不成功次数		一次成功得满分，不成功一次扣5分	10	
口试情况		随机提问1~2个问题	5	
5S情况		5S（现场、工具及相关材料的整理与填写）	10	
实际总得分				

■ 总结回顾

（1）电动机顺序启动控制的应用场合。

（2）常见的接线规范。

（3）顺序启动控制：多台电动机的启动必须按一定的先后顺序来完成的控制方式。

■ 课后习题

5-2-1 电工工具的种类很多，（ ）。

（A）只要保管好贵重的工具就行了

（B）价格低的工具可以多买一些，丢了也不可惜

（C）要分类保管好

（D）工作中，能拿到什么工具就用什么工具

5-2-2 控制电路编号的起始数字是（ ）。

（A）1 （B）101 （C）201 （D）301

5-2-3 同一电器的各元件在电气原理图和电气安装接线图中使用的图形符号、文字符号要（ ）。

（A）基本相同　　　　（B）不同　　　　　　（C）完全相同　　　　（D）部分相同

5-2-4　下面五个选项哪一个反映的只是物理技术量而非单位？（　　　）

（A）电压－电流强度－瓦特－功率－频率

（B）电流强度－安培－能量－功率－电压

（C）功率－频率－电－赫兹－电流强度

（D）电负荷－电压－电流强度－能量－功率

（E）频率－电－伏特－电能－功率

5-2-5　有关图5-7所示电路的哪种说法是正确的？（　　　）

（A）K2可以在没有先决条件的情况下接通

（B）使用S2将接通K1并且同时接通K2

（C）尽管接通K2，在按动S2之后K1仍能自保

（D）K2可以使用S1关断

（E）只有在已经接通K1之后才能接通K2

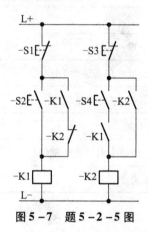

图5-7　题5-2-5图

🏵 任务5.3　电动机顺序启动、逆序停止控制安装与调试

■ 任务导入

电动机顺序启动、逆序停止控制应用于机床的实例较多，例如，在X62W型万能铣床上，为了防止铣刀被工件打坏，要求主轴电动机启动后，进给电动机才能启动；但是，为了降低加工表面粗糙度，要求只有进给电动机停止后，主轴电动机才能停止。

企业中经常采用多级传送带实现物料的传输，如图5-8所示。启动时先启动最末一条皮带电动机M4，以防断电后有物料残留在传送带上，然后再依次启动其他皮带电动机M3，M2，M1；停止时先停止最前一条皮带电动机M1，待物料运送完毕后再依次停止其他皮带电动机M2，M3，M4。

请根据该控制要求设计两台电动机顺序启动、逆序停止的电气原理图，并完成电气元件的安装与调试。

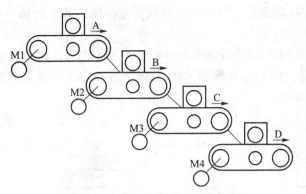

图 5 – 8　四级传送带传输物料示意图

■ 任务分解

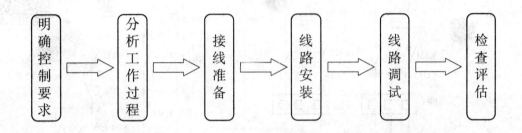

■ 资讯

5.3.1　电动机逆序停止的设计

逆序停止是相对于顺序启动而言的，就是采用和启动时相反的顺序停止电动机，即后启动的电动机先停止，先启动的电动机后停止。除了最后一台电动机具备独立停止的功能外，前面的电动机都不具备独立停止功能。

逆序停止也可以采用两种方式实现：手动控制和自动控制。手动控制：在先启动的电动机停止按钮两端并联后启动电动机所对应的接触器辅助常开触点。也就是说，在后启动电动机工作时，会有一条通路将先启动电动机的停止按钮短路，故先启动电动机不能停转。自动控制：通过时间继电器的断电延时功能来实现。

■ 任务实施

5.3.2　电动机顺序启动、逆序停止控制接线前准备

电动机顺序启动、逆序停止控制的电气原理图如图 5 – 9 所示。

电动机的工作过程如下：

合上开关 QF1、QF2→按下按钮 SB2→接触器 KM1 线圈通电→KM1 主触点闭合，KM1 辅助常开触点闭合自锁→电动机 M1 启动并连续运行→按下按钮 SB4→接触器 KM2 线圈通电→

KM2 主触点闭合，KM2 辅助常开触点闭合自锁，且将按钮 SB1 短路→电动机 M2 启动并连续运行。

按下按钮 SB3→接触器 KM2 线圈断电→KM2 主触点断开，KM2 辅助常开触点复位→电动机 M2 停转→按下按钮 SB1→接触器 KM1 线圈断电→KM1 主触点断开，KM1 辅助常开触点复位→电动机 M1 停转。

列出元器件清单，见表 5 - 7。

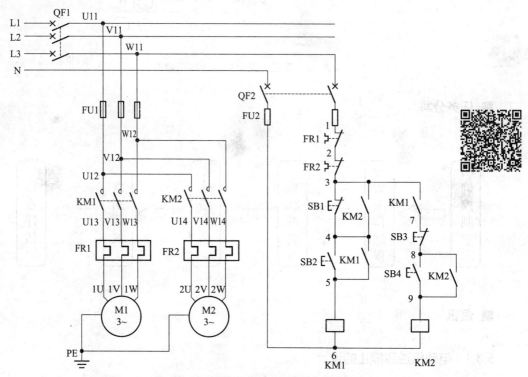

图 5 - 9　电动机顺序启动、逆序停止控制的电气原理图

表 5 - 7　元器件清单

序号	电气符号	名称	数量	规格
1	QF			
2	FU			
4	KM			
4	FR			
5	M			
6	SB			

5.3.3　电动机顺序启动、逆序停止控制安装与调试

步骤一：绘制电气元件布置图

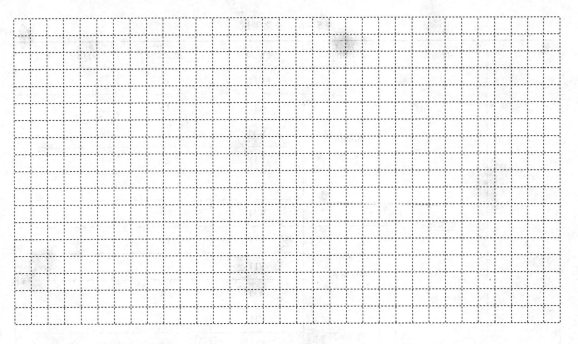

步骤二：绘制电气安装接线图

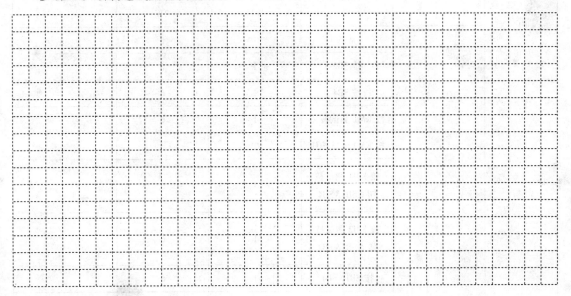

步骤三：按规范接线

打线号→剪导线→剥导线→套号管→套端子→压端子→剪余线→插端子→紧螺丝→走线槽。

■ 检查评估

5.3.4　检测与评分

一、线路检测

线路测试见表 5-8。

表5-8　线路测试

	电路名称	动作指示	测试点1	测试点2	万用表测导通
不上电情况	主电路	无动作（常态）	U11	1U	
			V11	1V	
			W11	1W	
			U11	2U	
			V11	2V	
			W11	2W	
		按KM1测试按钮	U11	1U	
			V11	1V	
			W11	1W	
		按KM2测试按钮	U11	2U	
			V11	2V	
			W11	2W	
	控制电路	常态	1	6	
		按SB2	1	6	
		按SB4	1	6	
		按KM1测试按钮	1	6	
		按KM2测试按钮	1	6	
		按KM1测试按钮&SB1&SB4	1	6	
		按KM2测试按钮&SB1&SB2	1	6	
		按SB1&SB4	1	6	
		按KM1测试按钮&SB3&SB4	1	6	
上电后情况	主电路状况描述				
	控制电路状况描述				

二、整体线路评分标准

整体线路评分标准见表 5 – 9。

表 5 – 9　整体线路评分标准

项目要求			分值	实际得分
功能	主电路	接线正确、不缺相	15	
	控制电路	顺序启动功能	10	
		逆序停止功能	10	
		短路保护、过载保护	5	
工艺要求		元件稳固、平正、布局合理	5	
		导线压接松紧适当	5	
		布线合理、美观	10	
		线号标注完整、合理	5	
完成时间		按时完成得满分，延时 10 分钟扣 5 分	5	
不成功次数		一次成功得满分，不成功一次扣 5 分	10	
口试情况		随机提问 1~2 个问题	5	
5S 情况		5S（现场、工具及相关材料的整理与填写）	10	
实际总得分				

■ 总结回顾

（1）电动机顺序启动、逆序停止控制的应用场合。

（2）常见的接线规范。

（3）顺序启动、逆序停止控制：启动按先后顺序完成，停止和启动的顺序相反，即后启动的电动机先停止、先启动的电动机后停止。

■ 课后习题

5 – 3 – 1　两台电动机 M1、M2 按序号从小到大顺序启动、逆序停止，则启停顺序是（　　）。

（A）M1 先启、M2 后启，M2 先停、M1 后停

（B）M1 先启、M2 后启，M1 先停、M2 后停

（C）M2 先启、M1 后启，M2 先停、M1 后停

（D）M2 先启、M1 后启，M2 先停、M1 后停

5-3-2　将接触器 KM2 的常开辅助触点并联到停止按钮 SB1 两端的控制电路能够实现（　　）。

（A）KM2 控制的电动机 M2 与 KM1 控制的电动机 M1 一定同时启动

（B）KM2 控制的电动机 M2 与 KM1 控制的电动机 M1 一定同时停止

（C）KM2 控制的电动机 M2 停止后，按下 SB1 才能控制对应的电动机 M1 停止

（D）KM2 控制的电动机 M2 启动后，按下 SB1 才能控制对应的电动机 M1 停止

5-3-3　以下属于多台电动机顺序控制的线路是（　　）。

（A）一台电动机正转时不能立即反转的控制线路

（B）Y-△启动控制电路

（C）电梯先上升后下降的控制电路

（D）电动机 M2 可以单独停止，电动机 M1 停止时电动机 M2 必须停止的控制电路

5-3-4　按下复合按钮，触点的动作顺序是（　　）。

（A）常开触点先闭合，常闭触点后断开

（B）常闭触点先断开，常开触点后闭合

（C）常开、常闭触点同时动作

（D）都有可能

5-3-5　热继电器为什么不能作为短路保护的电气元件？

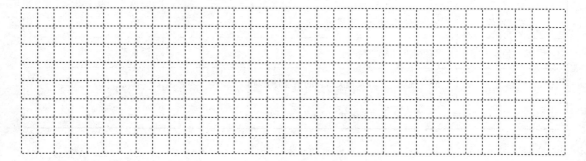

✳ 任务5.4　三台泵电气控制线路安装与调试

■ 任务导入

为了适应系统用水量的动态需求，同时考虑节能的现实需要，安排三台水泵实现供水系统压力的基本恒定。

三台电动机顺序启动、逆序停止的控制线路如图 5-10 所示，请根据该电气原理图完成电气安装与调试。

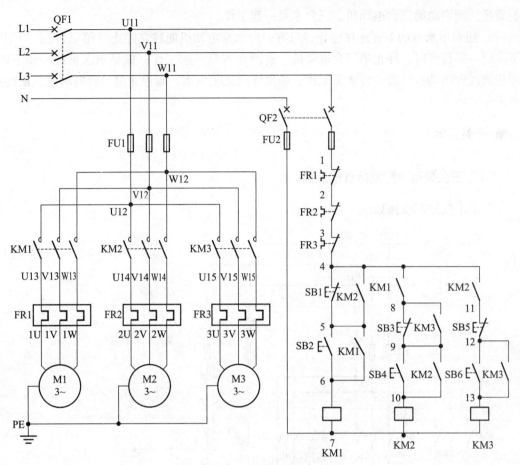

图 5-10 三台泵电气控制线路

■ 任务分解

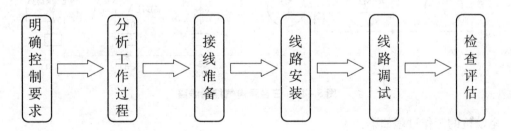

■ 资讯

5.4.1 三台泵控制要求

控制目标：根据用水量实时调整进入工作的水泵数量，从而保持管网压力的基本恒定。

具体要求：

（1）随着用水量的增长顺序启动，只有一台水泵电动机能独立启动（第一台）；当第一台水泵工作不能满足管网的压力要求时，启动第二台电动机，前两台水泵一起工作；如果还不能满足，则启动第三台电动机，三台水泵一起工作。

（2）随着用水量的下降逆序停止，只有一台水泵电动机能独立停止（第三台）；当用水量下降到一定程度时，停止第三台电动机，前两台水泵一起工作；如果用水量进一步下降，则停止第二台电动机，第一台水泵工作；如果管网无须供水，则停止第一台电动机，最终三台水泵全部停止。

■ 任务实施

5.4.2 三台泵电气控制接线前准备

三台泵电气控制线路如图 5 - 11 所示。

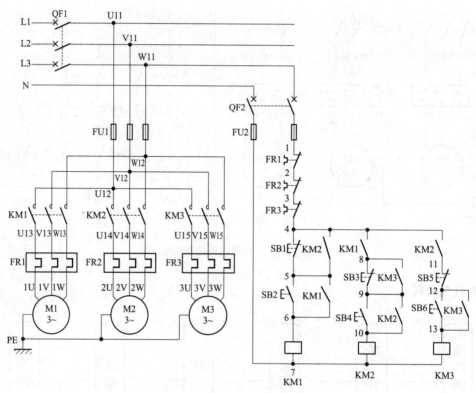

图 5 - 11　三台泵电气控制线路

电动机的工作过程如下：

合上开关 QF1、QF2→按下按钮 SB2→接触器 KM1 线圈通电→KM1 主触点闭合，KM1 辅助常开触点闭合自锁→电动机 M1 启动并连续运行→按下按钮 SB4→接触器 KM2 线圈通电→KM2 主触点闭合，KM2 辅助常开触点闭合自锁，且将按钮 SB1 短路→电动机 M2 启动并连续运行→按下按钮 SB6→接触器 KM3 线圈通电→KM3 主触点闭合，KM3 辅助常开触点闭合自锁，且将按钮 SB3 短路→电动机 M3 启动并连续运行。

按下按钮 SB5→接触器 KM3 线圈断电→KM3 主触点断开，KM3 辅助常开触点复位→电动机 M3 停转→按下按钮 SB3→接触器 KM2 线圈断电→KM2 主触点断开，KM2 辅助常开触点复位→电动机 M2 停转→按下按钮 SB1→接触器 KM1 线圈断电→KM1 主触点断开，KM1

辅助常开触点复位→电动机 M1 停转。

列出元器件清单，见表 5 – 10。

表 5 – 10　元器件清单

序号	电气符号	名称	数量	规格
1	QF			
2	FU			
4	KM			
4	FR			
5	M			
6	SB			

5.4.3　三台泵电气控制安装与调试

步骤一：绘制电气元件布置图

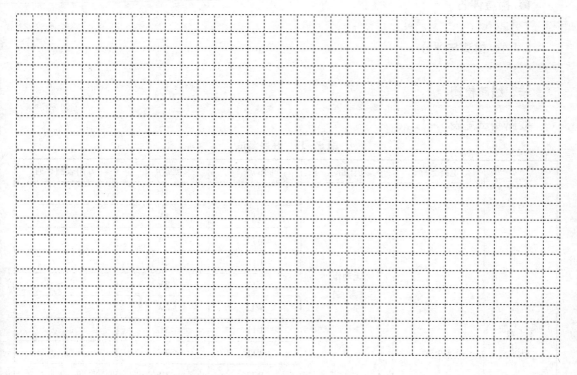

步骤二：绘制电气安装接线图

（此处为空白网格图表）

步骤三：按规范接线

打线号→剪导线→剥导线→套号管→套端子→压端子→剪余线→插端子→紧螺丝→走线槽。

■ 检查评估

5.4.4 检测与评分

一、线路检测

线路测试见表 5－11。

表 5－11　线路测试

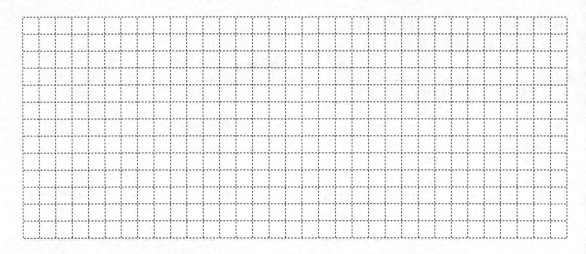

	电路名称	动作指示	测试点 1	测试点 2	万用表测导通
不上电情况	主电路	无动作（常态）	U11	1U	
			V11	1V	
			W11	1W	
			U11	2U	
			V11	2V	
			W11	2W	
			U11	3U	
			V11	3V	
			W11	3W	
		按 KM1 测试按钮	U11	1U	
			V11	1V	
			W11	1W	
		按 KM2 测试按钮	U11	2U	
			V11	2V	
			W11	2W	

电路名称	动作指示	测试点1	测试点2	万用表测导通
		U11	3U	
主电路	按 KM3 测试按钮	V11	3V	
		W11	3W	
	常态	1	7	
	按 SB2	1	7	
	按 SB4	1	7	
	按 SB6	1	7	
	按 KM1 测试按钮	1	7	
	按 KM2 测试按钮	1	7	
	按 KM3 测试按钮	1	7	
控制电路	按 KM1 测试按钮 &SB1&SB4	1	7	
	按 KM2 测试按钮 &SB3&SB6	1	7	
	按 KM2 测试按钮 &SB1&SB2	1	7	
	按 KM3 测试按钮 &SB3&SB4	1	7	
	按 KM2 测试按钮 &SB5&SB6	1	7	

不上电情况（合并于左侧前几行）

上电后情况	主电路状况描述			
	控制电路状况描述			

二、整体线路评分标准

整体线路评分标准见表 5 – 12。

表5-12 整体线路评分标准

项目要求			分值	实际得分
功能	主电路	接线正确、不缺相	15	
	控制电路	顺序启动功能	10	
		逆序停止功能	10	
		短路保护、过载保护	5	
工艺要求		元件稳固、平正，布局合理	5	
		导线压接松紧适当	5	
		布线合理、美观	10	
		线号标注完整、合理	5	
完成时间		按时完成得满分，延时10分钟扣5分	5	
不成功次数		一次成功得满分，不成功一次扣5分	10	
口试情况		随机提问1~2个问题	5	
5S情况		5S（现场、工具及相关材料的整理与填写）	10	
实际总得分				

■ 总结回顾

（1）三台泵控制的应用场合。

（2）常见的接线规范。

（3）三台泵控制要求：随着用水量的增长顺序启动，随着用水量的下降逆序停止。

■ 课后习题

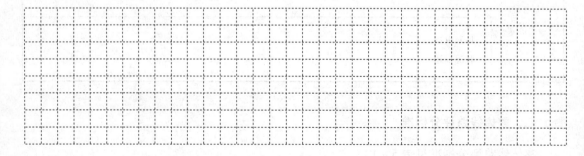

5-4-1 主电路的编号在电源开关的出线端按相序依次为（　　）。

（A）U、V、W
（B）L1、L2、L3
（C）U11、V11、W11
（D）U1、V1、W1

5-4-2 什么是低压电器？

5-4-3 什么是电弧？它有哪些危害？

5-4-4 在图5-12所示的交流接触器中，A、B、C、D各表示什么？

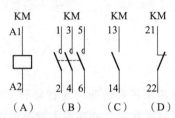

图5-12 题5-4-4图

5-4-5 什么叫失压保护？什么叫欠压保护？

项目 6

CA6140 型车床电气故障检测与维修

☑ **项目介绍**

初学车削加工时，我们面对车床不知道如何通过按钮、开关去控制车床各部分的运动；从事车削加工时，我们经常会碰到车床电气出现的各种故障而手足无措。那么，本项目将带你认识机床电气，掌握基本的机床电气故障排除技巧，熟练掌握 CA6140 型车床电气控制及故障排除技巧。

☑ **学有所获**

■ 知识目标

(1) 了解 CA6140 型车床的组成。

(2) 了解 CA6140 型车床的运动。

(3) 掌握机床电气原理图的组成及识读技巧。

(4) 掌握电气故障检测的一般原则。

■ 能力目标

(1) 能熟练识读 CA6140 型车床电气原理图。

(2) 能对 CA6140 型主轴电动机的电气故障进行排除。

(3) 能对 CA6140 型车床电气常见故障进行排除。

✳ 任务 6.1　CA6140 型车床主轴电动机故障检测

■ 任务导入

请分析 CA6140 型车床主轴电动机控制过程，并根据图纸进行排故，如图 6 - 1 所示。

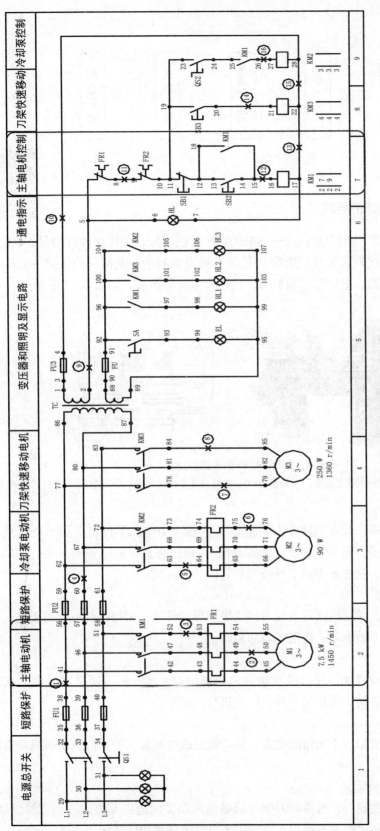

图 6 - 1 CA6140 型车床电气图

■ 任务分解

明确要求 ⇒ 分析电气图 ⇒ 排故前准备 ⇒ 排除故障 ⇒ 检查评估

■ 资讯

6.1.1　CA6140 型车床的组成

CA6140 是在原 C620 基础上加以改进而来的，C 代表车床，A 代表改进型号，6 代表卧式，1 代表基本型，40 代表最大旋转直径，其是机械设备制造企业所需设备之一。CA6140型车床主要由主轴变速箱、进给箱、溜板箱、尾架和床身等组成，如图 6 - 2 所示。

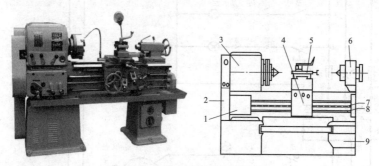

图 6 - 2　CA6140 型车床的组成
1—进给箱；2—挂轮箱；3—主轴变速箱；4—溜板箱；5—溜板与刀架；6—尾架；7—丝杠；8—光杠；9—床身

1）主轴变速箱

它固定在床身的左端，装在主轴箱中的主轴（主轴为中空，不仅可以用于更长的棒料的加工及机床线路的铺设，还可以增加主轴的刚性），通过夹盘等夹具装夹工件。主轴箱的功能是支承并传动主轴，使主轴带动工件按照规定的转速旋转。

2）溜板和刀架部件

它位于床身的中部，并可沿床身上的刀架轨道做纵向移动。刀架部件位于溜板上，其功能是装夹车刀，并使车刀做纵向、横向或斜向运动。

3）尾座

它位于床身的尾座轨道上，并可沿导轨纵向调整位置。尾座的功能是用后顶尖支撑工件。在尾座上还可以安装钻头等加工刀具，以便进行孔加工。

4）进给箱

它固定在床身的左前侧、主轴箱的底部。其功能是改变被加工螺纹的螺距或机动进给的进给量。

5）溜板箱

它固定在刀架部件的底部，可带动刀架一起做纵向和横向进给及快速移动或螺纹加工。在溜板箱上装有各种操作手柄及按钮，工作时工人可以方便地操作机床。

6）床身

床身固定在左床腿和右床腿上其是机床的基本支撑件。在床身上安装着机床的各个主要部件，工作时床身可使它们保持准确的相对位置。

6.1.2　CA6140 型车床的运动

车床的运动主要由主运动、进给运动和其他辅助运动等组成。

车床的主运动是工件的旋转运动，它是由主轴通过卡盘或顶尖带动工件旋转的。电动机的动力通过主轴箱传给主轴，主轴一般只需要单方向的旋转运动，只有在车螺纹时才需要用反转来退刀。CA6140 用操纵手柄通过摩擦离合器来改变主轴的旋转方向。

车削加工要求主轴能在很大的范围内调速，普通车床调速范围一般大于 70。主轴的变速是靠主轴变速箱的齿轮等机械有级调速来实现的，变换主轴箱外的手柄位置，可以改变主轴的转速。

进给运动是溜板带动刀具做纵向或横向的直线移动，也就是使切削能连续进行下去的运动。所谓纵向运动是指相对于操作者的左右运动，横向运动是指相对于操作者的前后运动。

车螺纹时要求主轴的旋转速度和进给的移动距离之间保持一定的比例，所以主运动和进给运动要由同一台电动机拖动，主轴箱和车床的溜板箱之间通过齿轮传动来连接，刀架再由溜板箱带动，沿着床身导轨做直线走刀运动。

车床的辅助运动包括刀架的快进与快退、尾架的移动与工件的夹紧和松开等。为了提高工作效率，车床刀架的快速移动由一台单独的进给电动机拖动。

6.1.3　机床电气原理图的识读

一、电气原理图样

根据机床的机械运动形式对电气控制系统的要求，采用国家统一规定的电气原理图形符号和文字符号，按照电气设备和电器的工作顺序，详细表示电路、设备或成套装置的全部基本组成和连接关系，而不考虑其实际位置的一种简图叫电气控制系统图。电气控制系统图能充分表达电气控制系统的组成、结构与工作原理，是电气线路安装、调试和维修的理论依据。

电气控制系统图由图形符号和文字符号组成，并按照 GB/T 6988.4—2002《电气技术用文件的编制　第 4 部分》要求来绘制。图形符号表示电器设备的图形、标记或字符。这些图形符号必须采用国家标准来表示，如 GB/T 4278.7—2008《电气见图用图形符号　第 7 部分》、GB/T 4728.9—2008《电气简图用图形符号　第 9 部分》及 GB/T 5465.1—1996《电气设备用图形符号绘制原则》等。文字符号用于标明电气设备、装置和元器件的名称及电路的功能、状态和特征，分为基本文字符号和辅助文字符号。

电气控制系统图一般有电气原理图、电气布置图及电气安装接线图三种。

1）电气原理图

电气原理图是根据电气控制系统的工作原理绘制的。它采用电器元件展开的形式，利用图形符号和项目代号来表示电路中各元件导电部件和接线端子的连接关系。图 6-3 所示为某机床电气原理图。

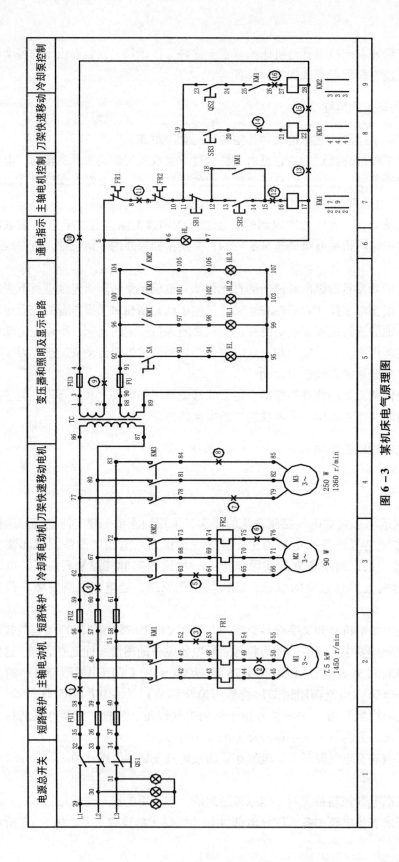

图 6 - 3 某机床电气原理图

（1）电气原理图的组成。

根据电路中电流的大小，电气原理图可分为主电路和控制电路。主电路是从电源到电动机或线路末端的电路，是强电流通过的电路。主电路一般由熔断器、接触器的主触头、热继电器的发热元件以及电动机等组成。控制电路是接触器线圈所在的电路，包括接触器的辅助触点、按钮、热继电器辅助触点等。辅助电路也是控制电路的一部分，包括照明电路、信号电路及保护电路等。

（2）绘制电气原理图的原则。

①图面区域的划分。为了方便阅读和检索电气原理图，常将原理图进行图面分区。横边从左到右用阿拉伯数字分别编号，竖边从上到下用英文字母区分，分区代号用该区域的字母和数字表示。通常情况下，竖边的字母可以省略，即只用数字表示。

原理图图面区域横向最上面的说明，如"主轴电动机""冷却泵电动机"等表明对应区域下方元件名称或电路的功能，以便于理解全电路的工作原理。

②符号位置索引。在较复杂的电气原理图中，对继电器、接触器线圈的文字符号下方要标注其触点位置索引；而在触点文字符号下方要标注其线圈位置索引。符号位置索引用图号、页次和图区编号的组号表示。索引代号的组成如下：

$$\boxed{1}\ /\ \boxed{2}\ \cdot\ \boxed{3}$$

$\boxed{1}$ —— 表示图号

$\boxed{2}$ —— 表示页次

$\boxed{3}$ —— 表示图区号

例如："901/1·5"索引，表示电气元件的符号位置在图号为901的第1页第5区。如果该图号仅为1页，则可以省去页次，用"901/5"表示即可。

如果元件相关的各符号元素出现在同一图号的图样上，而该图号有几张图样时，索引代号可省去图号，用"1/5""3/4"表示即可。当元件相关的各符号元素出现在只有一张图样的不同区域时，索引代号只用图区号表示，如图区C4中接触器主触点KM下面的4，即为最简略的索引代号，它指出接触器KM的线圈位置在本图区第4区。

在电气原理图中，接触器或继电器线圈与触点的从属关系，可用附图表示，即在原理图中相应线圈的下方，给出触点的图形符号，并在其下面注明相应触点的索引代号；对未使用的触点用"×"表明。如图中接触器KM线圈下端，其触点的位置索引中，左栏为主触点所在的图区号，中栏为辅助常开触点所在的图区号，右栏为辅助常闭触点所在的图区号。

③原理图中，要给出导线的线号，线号可根据电源的类型来设置。原理图采用电路编号法，即对电路中的各个接点用字母或数字编号。

主电路在电源开关的出线端按相序依次编号为U11、V11、W11；然后按从上至下、从左至右的顺序，每经过一个电气元件后，编号要递增，如U12、V12、W12，U13、V13、W13…。辅助电路编号按"等电位"原则从上至下、从左至右的顺序用数字依次编号，每经过一个电气元件后，编号要依次递增；控制电路编号的起始数字必须是1，其他

辅助电路编号的起始数字依次递增100，如照明电路编号从101开始，指示电路编号从201开始等。

2）电气元件布置图

电气元件布置图主要是指用来表明各种电气设备在机械设备上和电气控制柜中的实际安装位置，采用简化的外形符号（如正方形、矩形、圆形等）而绘制的一种简图，为机械电气控制设备的制造、安装、维修提供必要的资料。它不表达各电气元件的具体结构、作用、接线情况以及工作原理，主要用于电气元件的布置和安装。图中各电气元件的文字符号必须与电路图和接线图的标注相一致。在实际中，电路图、接线图和布置图要结合起来使用。

机床电气元件布置图主要包括机床电气设备布置图、电气控制柜及配电盘电气元件布置图、操纵台电气设备布置图等。在绘制电气设备布置图时，所有能见到的以及需要表示清楚的电气设备，均用粗实线绘制出简单的外形轮廓；其机械部件的轮廓用双点画线表示；图样中要表示出元器件的安装位置、安装方式以及电线的走线路径。图6-4所示为某机床控制配电盘布置图。

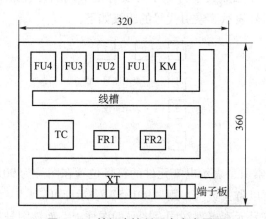

图6-4　某机床控制配电盘布置图

3）电气安装接线图

电气安装接线图是为安装电气设备时进行配线或检查维修电气控制电路故障服务的。根据电气设备与电气元件的实际位置和安装情况绘制，只用来表示电气设备和电气元件的位置、配线方式和接线方式，而不明显表示电气动作原理。绘制安装接线图应遵循以下原则：

（1）各电气元件用规定的图形符号、文字符号绘制，同一电气元件各部件必须画在一起，各电气元件的位置应与实际安装位置一致。

（2）不在同一控制柜或配电盘上的电气元件的电气连接，必须通过端子板进行转接，各电气元件的文字符号及端子板的编号应与原理图一致，并按原理图的接线进行连接。

（3）画导线时，应标明导线的规格、型号、根数和穿线管的尺寸，走向相同的多根导线可用单线表示。

图6-5所示为某机床电气安装接线图。

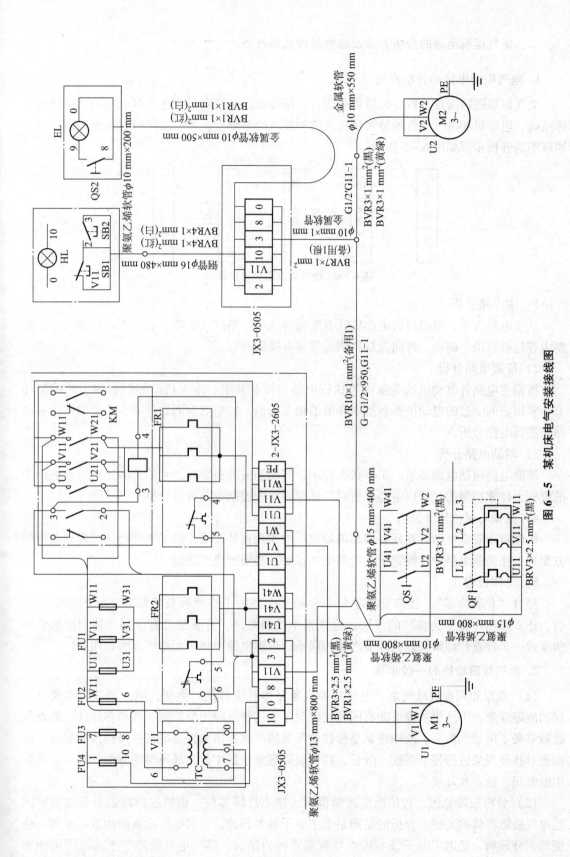

图6-5 某机床电气安装接线图

二、电气控制电路的分析方法及电气故障检修技巧

1. 电气控制电路的分析方法

电气原理图的阅读分析方法最为重要，仔细阅读设备说明书，在了解电气控制系统的总体结构、电动机和电气元件的分布状况及控制要求的基础上，才可以分析电气原理图。电气原理图的分析步骤如图6-6所示。

图6-6 电气原理图分析步骤

1）主电路分析

从主电路入手，根据每台电动机或电磁阀等执行电路的控制要求去分析其控制内容。控制内容包括启动、制动、方向控制和调速等基本控制环节。

2）控制电路分析

根据主电路各电动机或电磁阀等执行电器的控制要求，逐一找出控制电路中的控制环节，利用前面学过的电动机控制基本环节的相关知识，按功能不同划分成若干个局部控制电路来进行电路分析。

3）辅助电路分析

辅助电路包括电源显示、工作状态显示、照明和故障报警等，它们大多是由控制电路中的电气元件来控制的。所以电路分析时，还要再对照控制电路进行分析。

4）连锁与保护环节分析

机床对于安全性和可靠性有很高的要求，为实现这些要求，除了合理地选择拖动和控制方案外，在控制电路中还设置了一系列电气保护和必要的电气连锁。

5）总体检查

经过"化整为零"，逐步分析了每一个局部电路的工作原理及各部分之间的控制关系后，还必须用"集零为整"的方法，检查整个控制电路，看看是否有遗漏。特别要从整体角度进一步检查和理解各控制环节之间的联系，理解电路中每个元件所起的作用。

2. 电气故障检修的一般步骤

（1）观察和调查故障现象：电气故障现象是多种多样的。例如，同一类故障可能有不同的故障现象，不同类故障可能有同种故障现象，这种故障现象的同一性和多样性，给查找故障带来了困难。但是，故障现象是检修电气故障的基本依据，是电气故障检修的起点，因而要对故障现象进行仔细观察、分析，找出故障现象中最主要、最典型的方面，搞清故障发生的时间、地点和环境等。

（2）分析故障原因，初步确定故障范围、缩小故障部位：根据故障现象分析故障原因是电气故障检修的关键。分析的基础是电工电子基本理论，是对电气设备的构造、原理、性能的充分理解，是电工电子基本理论与故障实际的结合。某一电气故障产生的原因可能很多，重要的是在众多原因中找出最主要的原因。

（3）确定故障的部位，判断故障点：确定故障部位是电气故障检修的最终目标和结果。确定故障部位可理解成确定设备的故障点，如短路点、损坏的元器件等，也可理解成确定某些运行参数的变异，如电压波动等。确定故障部位是在对故障现象进行周密考察和细致分析的基础上进行的。在这一过程中，往往要采用下面将要介绍的多种手段和方法。

在完成上述工作过程中，实践经验的积累起着重要的作用。

3. 电气故障检测的一般技巧

（1）熟悉电路原理，确定检修方案：当一台设备的电气系统发生故障时，不要急于动手拆卸，首先要了解该电气设备产生故障的现象、经过、范围、原因，熟悉该设备及电气系统的基本工作原理，分析各个具体电路，弄清电路中各级之间的相互联系以及信号在电路中的来龙去脉，结合实际经验，经过周密思考，确定一个科学的检修方案。

（2）先机损、后电路：电气设备都以电气—机械原理为基础，特别是机电一体化的先进设备，机械和电子在功能上有机配合，是一个整体的两个部分。往往机械部件出现故障，会影响电气系统，许多电气部件的功能就不起作用。因此，不要被表面现象迷惑，电气系统出现故障并不全部都是电气本身问题，还有可能是机械部件发生故障所造成的。因此，先检修机械系统所产生的故障，再排除电气部分的故障，往往会收到事半功倍的效果。

（3）先简单、后复杂：检修故障要先用最简单易行、自己最拿手的方法去处理，再用复杂、精确的方法。排除故障时，先排除直观、显而易见、简单常见的故障，后排除难度较高、没有处理过的疑难故障。

（4）先检修通病、后攻疑难杂症：电气设备经常产生相同类型的故障，即"通病"。由于通病比较常见，积累的经验较丰富，因此可快速排除。这样就可以集中精力和时间排除比较少见、难度高、古怪的疑难杂症，简化步骤，缩小范围，提高检修速度。

（5）先外部调试、后内部处理：外部是指暴露在电气设备密封件外部的各种开关、按钮、插口及指示灯；内部是指在电气设备外壳或密封件内部的印制电路板、元器件及各种连接导线。先外部调试、后内部处理，就是在不拆卸电气设备的情况下，利用电气设备面板上的开关、旋钮、按钮等调试检查，缩小故障范围。首先排除外部部件引起的故障，再检修机内的故障，尽量避免不必要的拆卸。

（6）先不通电测量、后通电测试：首先在不通电的情况下，对电气设备进行检修：然后再在通电情况下，对电气设备进行检修。对许多发生故障的电气设备检修时，不能立即通电，否则会人为扩大故障范围，烧毁更多的元器件，造成不应有的损失。因此，在故障机通电前，先进行电阻测量，采取必要的措施后方能通电检修。

（7）先公用电路、后专用电路：任何电气系统的公用电路出故障，其能量、信息就无法传送、分配到各具体专用电路，专用电路的功能、性能就不起作用。如一个电气设备的电源出现故障，整个系统就无法正常运转，向各种专用电路传递的能量、信息就不可能实现。因此，遵循先公用电路、后专用电路的顺序，就能快速、准确地排除电气设备的故障。

三、变压器

1）变压器的结构

变压器是利用电磁感应的原理来改变交流电压的装置，主要构件是初级线圈（一次线圈）、次级线圈（二次线圈）和铁芯（磁芯）。常见的单相变压器如图6-7所示。

图6-7　单相变压器

变压器输入电源的绕组叫作初级线圈，也叫作一次线圈。变压器输出电源的绕组叫作次级线圈，也叫二次线圈。

变压器的主要功能有：电压变换、电流变换、阻抗变换、隔离、稳压（磁饱和变压器）等。

2）变压器的工作原理

变压器的工作原理示意图如图6-8所示。

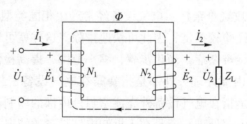

图6-8　变压器的工作原理示意图

一次线圈、二次线圈的匝数分别为N_1和N_2。当变压器的一次线圈接上交流电压$\dot{U}_1$时，一次线圈中便有电流$\dot{I}_1$通过。电流$\dot{I}_1$在铁芯中产生闭合磁通Φ，磁通Φ随$\dot{I}_1$的变化而变化，从而在二次线圈中产生感应电动势。如果二次线圈接有负载，则在二次绕组和负载组成的回路中有负载电流产生。

变压器中一、二次线圈的电压之比为

$$\frac{U_1}{U_2} \approx \frac{E_1}{E_2} = \frac{N_1}{N_2} = K \qquad （式6-1）$$

变压器中一、二次线圈的电流之比为

$$\frac{I_1}{I_2} \approx \frac{N_1}{N_2} = \frac{1}{K} \qquad （式6-2）$$

变压器二次线圈上的阻抗等效示意图如图 6 – 9 所示。

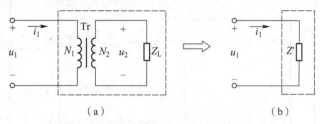

（a）　　　　　　　　　　　　　　（b）

图 6 – 9　变压器二次线圈上的阻抗等效示意图

（a）负载运行电路；（b）折算到一次绕组的等效阻抗

二次线圈上的阻抗与一次线圈的等效阻抗之间的关系为

$$|Z'| = K^2 |Z_L|$$　　　　　　　　　　　（式 6 – 3）

3）机床控制变压器

机床电路比较复杂，机床主电路电压为 380 V，而控制电路、辅助电路、照明电路电压与主电路不同，需要机床控制变压器输出不同的电压。以 CA6140 型车床为例，主电路电压为 380 V，控制电路电压为 220 V，照明电路电压为 36 V，指示电路电压为 6 V。那么，以图 6 – 10 所示的控制变压器为例，输入电压有两种，0 ~ 2 为 220 V 和 0 ~ 3 为 380 V。根据不同的输出电压可选择不同的输出端口，如 11 ~ 16 输出电压为 220 V，11 ~ 15 输出电压为36 V，11 ~ 13 输出电压为 6 V。不同的控制变压器输入、输出端口有所不同，应认真阅读变压器铭牌上的端口标识。

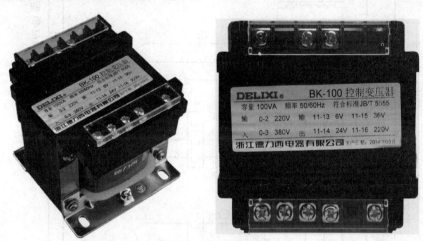

图 6 – 10　控制变压器

6.1.4　CA6140 型车床主轴电动机电气控制及常见故障

一、主轴电动机电气控制分析

从图 6 – 11 所示 CA6140 型车床电气原理图中可知，主轴电动机主电路在 2 号线路，控制电路在 7 号线路，两个线路从总电路中分离后组合成如图 6 – 12 所示电路。

主轴电动机工作过程为：合上开关 QS1，按下 7 号线路中启动按钮 SB2，KM1 线圈得电，2 号线路中 KM1 主触点闭合，M1 电动机运行。

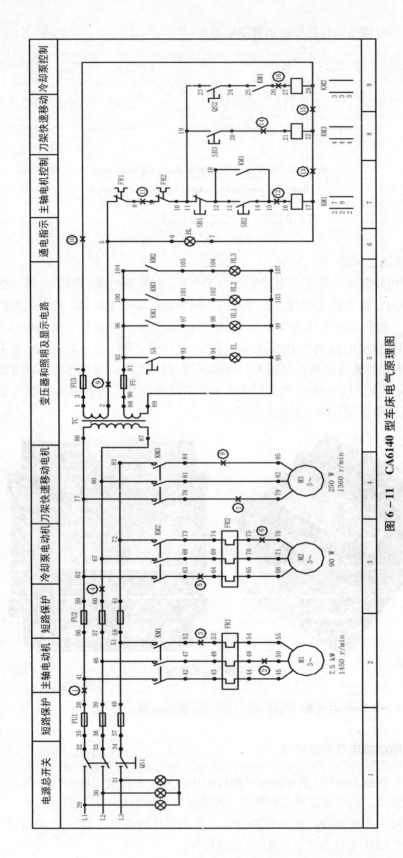

图 6 – 11　CA6140 型车床电气原理图

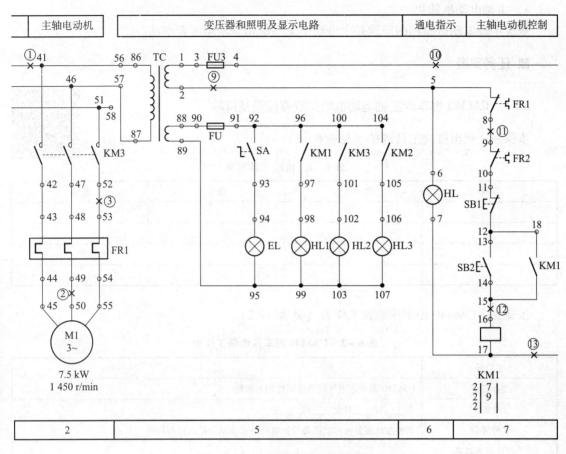

图 6 – 12　主轴电动机电气控制图

按下 7 号线路中的停止按钮 SB1，KM1 线圈失电，2 号线路中的主触点断开，M1 电动机停转。

二、主轴电动机常见故障

1）主轴电动机不能启动

发生主轴电动机不能启动的故障时，首先检查故障是发生在主电路还是控制电路，若按下启动按钮，接触器 KM1 不吸合，则此故障发生在控制电路，重点应检查 FU3 是否熔断，过载保护 FR1 是否动作，接触器 KM1 的线圈接线端子是否松脱，按钮 SB1、SB2 的触点接触是否良好。检查主轴电动机的控制电路某一处导线是否松动或者断路，若故障发生在主电路，应检查车间配电箱及主电路开关的熔断器的熔丝是否熔断、导线连接处是否有松脱现象、KM1 主触点的接触是否良好。

2）主轴电动机启动后不能自锁

当按下启动按钮后，主轴电动机能启动运转，但松开启动按钮后，主轴电动机也随之停止。造成这种故障的原因是接触器 KM1 自锁触点的连接导线松脱或接触不良。

3）主轴电动机不能停止

造成这种故障的原因多数为 KM1 的主触点发生熔焊或停止按钮击穿所致。

4）主轴电动机缺相

造成主轴电动机缺相的原因是主电路中某一根相线断路或者松动。

■ 任务实施

6.1.5　CA6140 型车床主轴电动机常见故障检测及排除

步骤一：列出排故工具清单（见表 6－1）

表 6－1　排故工具清单

序号	器件名称	数量	规格
1			
2			
3			
4			

步骤二：CA6140 型车床维修工作表（见表 6－2）

表 6－2　CA6140 型车床维修工作表

工位号	
工作任务	CA6140 型车床电气线路故障检测与排除
工作时间	自＿＿时＿＿分至＿＿时＿＿分
工作条件	观察故障现象和排除故障后试机通电；检测及排故过程停电
工作许可人签名	

维修要求	1. 在工作许可人签名后方可进行检修； 2. 对电气线路进行检测，确定线路的故障点，排除、调试，并填写下列表格； 3. 严格遵守电工操作安全规程； 4. 不得擅自改变原线路接线，不得更改电路和元件位置； 5. 完成检修后能恢复该铣床各项功能		
故障现象描述			
故障检测和排除过程			
故障点描述			

■ 检查评估

6.1.6　CA6140 型车床排故项目评分标准

CA6140 型车床排故项目评分标准见表 6 – 3。

表 6 – 3　CA6140 型车床排故项目评分标准

项目内容	分值	评分标准	扣分	得分
故障分析	30 分	排除故障前不进行调查研究扣 5 分； 检修思路不正确扣 5 分； 标不出故障点、线或标错位置，每个故障点扣 10 分		
检修故障	60 分	切断电源后不验电扣 5 分； 使用仪表和工具不正确，每次扣 5 分； 检查故障的方法不正确扣 10 分； 查出故障不会排除，每个故障扣 20 分； 检修中扩大检修范围扣 10 分； 少查出故障，每个扣 20 分； 损坏电气元件扣 30 分； 检修中或检修后试车操作不正确，每次扣 5 分		
安全规范	10 分	防护用品穿戴不齐全扣 5 分； 检修结束后未恢复原状扣 5 分； 检修中丢失零件扣 5 分； 出现短路或触电扣 10 分		
工时		检查故障超时，每超时 5 分钟扣 5 分，最多可延长 20 分钟		
合计	100 分			

■ 总结回顾

本任务主要是使同学们认识机床电气原理图、学会机床电气原理图的识读、掌握车床电气故障排除的原则和技巧；熟练掌握主轴电动机常见故障的排除方法。

（1）机床电气原理图包括电气原理图、电气元件布置图和电气安装接线图。

（2）电气控制电路的分析方法，先从主电路入手，分析对应的控制电路，然后分析辅助电路、连锁与保护，最后进行总体检查。

（3）电气故障检修的步骤是先观察故障现象，然后分析故障原因，初步确定故障范围、缩小故障部位，最后判断故障点。

■ 课后习题

6-1-1 CA6140型车床的主要运动是什么？

6-1-2 机床电气原理图分为哪三种？

6-1-3 电气故障检测的步骤是什么？

6-1-4 一个企业内部谁可以对机床做电气维护工作？（　　　）

(A) 每一位员工 　　　　　(B) 电气专业技术人员

(C) 实习生 　　　　　　　(D) "自动化技术电工"培训师

(E) 工业机械工（机修钳工）

6-1-5 作为一个修理工，若需使用一个电压检测仪器，请问什么时候应该检查其状态是否良好？（　　　）

(A) 每天 　　　　　　　　(B) 每次使用之前

(C) 每周一次 　　　　　　(D) 每月一次

(E) 每年一次

※ **任务 6.2　CA6140 型车床刀架快速移动电动机故障检测**

■ 任务导入

请分析 CA6140 型车床刀架快速移动电动机控制过程，并根据图纸进行排故，如图 6-13 所示。

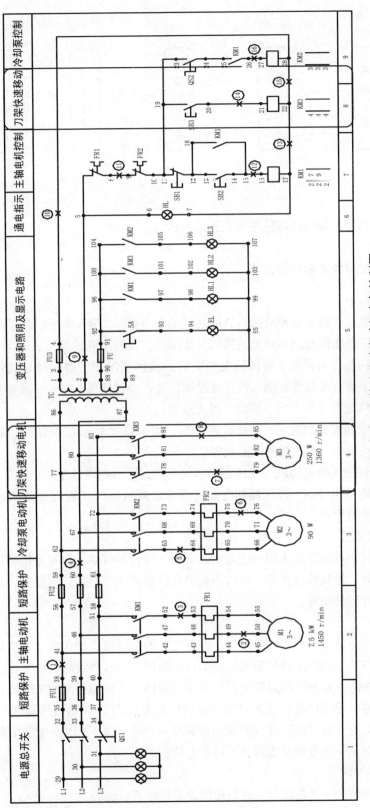

图 6 – 13 CA6140 型车床刀架快速移动电动机电气控制图

■ 任务分解

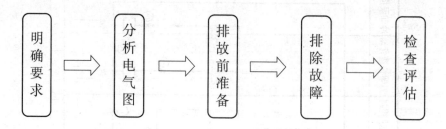

明确要求 → 分析电气图 → 排故前准备 → 排除故障 → 检查评估

■ 资讯

6.2.1　电气控制线路故障的检查和排除方法

一、电气控制线路检查的方法

1）故障查询

故障查询就是在检查处理故障前，通过"问""看""听""摸"来了解故障发生前后的详细情况，以便能迅速地判断出故障的具体部位，及时准确地排除故障。

（1）问：向操作者详细了解故障发生前后的具体情况，了解故障是偶尔发生还是经常发生；故障发生前有无频繁启动、停止或过载；是否经过检修、维护或改动控制线路等；发生故障时有哪些现象（如声响、冒烟、弧光或起火）。

（2）看：断路器是否跳闸，熔体是否熔断；指示仪表显示是否异常；电气元件有无损坏、烧毁、触点熔焊、接线脱落及断线等。

（3）听：仔细倾听电动机、变压器和电气元件运行时的声音是否正常。

（4）摸：电动机绕组、变压器和电磁线圈等出现故障时，表面温度明显上升，此时可切断电源进行触摸检查。

2）断电检查法

断电检查时，可用万用表测量线路的通断和元器件的好坏。也可采用替换法，如果怀疑某个元件有问题，外观检查正常，可以用新的元件替换它，然后送电检测，若此时电路恢复正常，则说明此元件损坏。

3）电阻法

电阻法，就是使用万用表的电阻挡，检测电路的电阻值是否正常。此法是检测电路断路或短路的有效方法。检测断路故障时，应采用高阻挡。若检测线路的电阻值接近无穷大，则可断定该线路断路。检测短路故障时，应采用低阻挡。若检测线路的电阻值几乎为零，则可断定该线路短路。线路中接有要求对绝缘电阻很高的元器件（如测线圈等）电阻值时，应尽量将与之相关的并联回路断开（特别是线路中接有变压器），以避免发生回路影响。用电阻法检测故障时，一定要断开电源，不许带电检测。

4）通电检查法

当外部检查解决不了故障时，可对所修设备通电进行检查。

（1）通电检查时，要把检测仪表、调节器和线路上的转换开关置于零位，行程开关还原到正常位置，将主动机和其所连传动机构尽量脱开，确认上述完成后进行通电。通电后应检查主电源是否正常，包括电源电压是否正常及有无缺相等。主电源正常后，再检查控制线路。检查控制线路需开动机床，这必须与操作者配合进行，以免发生意外故障。

（2）通电检查时，应分步进行，先易后难，根据电气控制线路的工作原理，尽量缩小检查范围，以便迅速查出故障所在。一般检查顺序为：先查控制线路，后查主电路；先开关电路，后调整电路；先查常见故障部位，后查特殊故障部位。对于复杂的电气控制线路，应事先确定故障大致范围，再拟定一个检查步骤，即将复杂的控制线路划成几个单元或环节，按步骤、有目的地进行检查。

（3）通电检查时，也可采用分片试验法，即先断开所有的开关，取下所有的熔体，然后按送电顺序，逐一插入所查部位的熔体。合上开关后，观察熔体是否熔断，线路、元器件有无冒烟和冒火现象。如果送电正常，再试送各部位运作指令，观察各接触器、继电器和行程开关是否按要求顺序动作，即可发现故障。

5）电压法

电压法，就是使用万用表的电压挡，检测电路的在线电压，检测电压时，首先应注意选择合适的电压挡（一般情况选择比线路电压高一级挡位）。注意被检测电路是直流还是交流，以避免损坏仪表。

一般检测顺序为：先检测电源电压或主电路的电压，看其是否正常，再检查开关，接触器、继电器和接线端子应接通的两端，若万用表上有电压指示，则说明该元件断路；对于有阻值线圈的元件，若其两端的电压值正常，电磁机构不动作，则说明该线圈断路或损坏。

采用电压法检测电路，应在电路接通的情况下进行。此时，一定要注意人身安全，不可使用未绝缘导电工具或裸露身体接触带电部位，以免发生安全事故。

以上这些故障排除的方法是人们在长期的实际工作中，经过不断的摸索、不断的实践，总结而积累起来的经验，是一种非常实用的电气线路故障排除技术。作为一名维修电工，应该很好地掌握这些排故的方法，并且能在实际的工作中灵活应用。

二、使用万用表检查故障的操作步骤

（1）万用表机械调零、电气调零。

（2）检查万用表好坏，置电阻"×1"挡，测元器件线圈，表针不动。

（3）置电阻"×1"挡，检查熔芯好坏。

（4）电笔测柜壳，合总开关，不漏电。

（5）电笔测电。

（6）按从左到右、从上到下，一个回路、一个回路地通电测试，检查故障，并给予排除。

6.2.2　CA6140 型车床刀架快速移动电动机电气原理图分析

一、刀架快速移动电动机电气原理图分析

从 CA6140 型车床电气原理图可以看出，刀架快速移动电动机主电路在 4 号线路，控制电路在 8 号线路。图 6 - 14 所示为刀架快速移动电动机电气控制图。

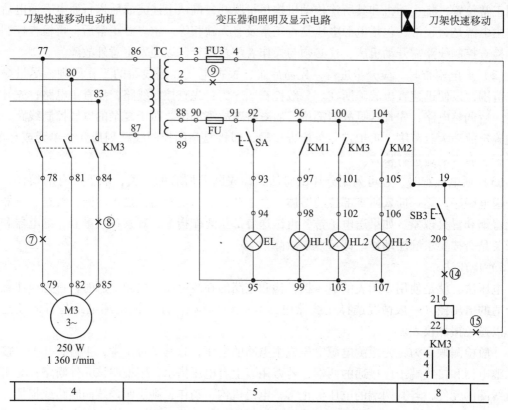

图 6 – 14　刀架快速移动电动机电气控制图

刀架快速移动电动机工作过程分析：8 号线路中，按下按钮 SB3，KM3 线圈得电，4 号线路中 KM3 主触点闭合，刀架快速移动电动机 M3 启动；松开按钮 SB3，KM3 线圈失电，KM3 主触点断开，M3 电动机停止转动。

二、刀架快速移动电动机常见故障

1）刀架快速移动电动机缺相

刀架快速移动电动机缺相的现象是启动按钮按下，对应的接触器 KM3 线圈吸合，但电动机不转，但稍微转动电动机转子，电动机可以运行。说明刀架快速移动电动机缺相，那么可能原因是刀架快速移动电动机电源相线断路或者导线松动。图 6 – 14 中可能的线路故障点在⑦和⑧。

2）刀架快速移动电动机不启动

刀架快速移动按下按钮 SB3 后，接触器线圈 KM3 不得电，那么故障点可能在控制电路中，可能的故障点在⑭。

■ **任务实施**

6.2.3　刀架快速移动电动机故障检测与排除

刀架快速移动电动机故障检测与排除见表 6 – 4。

表 6 – 4　刀架快速移动电动机故障检测与排除

工位号	
工作任务	CA6140 车床刀架快速移动故障检测与排除
工作时间	自＿＿时＿＿分至＿＿时＿＿分
工作条件	观察故障现象和排除故障后试机通电：检测及排故过程停电
工作许可人签名	
维修要求	1. 在工作许可人签名后方可进行检修； 2. 对电气线路进行检测，确定线路的故障点，排除调试并填写下列表格； 3. 严格遵守电工操作安全规程； 4. 不得擅自改变原线路接线，不得更改电路和元件位置； 5. 完成检修后能恢复该铣床各项功能
故障现象描述	
故障检测和排除过程	
故障点描述	

■ 检查评估

6.2.4　CA6140 型车床排故项目评分标准

CA6140 型车床排故项目评分标准见表 6 – 5。

表 6 – 5　CA6140 型车床排故项目评分标准

项目内容	分值	评分标准	扣分	得分
故障分析	30 分	排除故障前不进行调查研究扣 5 分； 检修思路不正确扣 5 分； 标不出故障点、线或标错位置，每个故障点扣 10 分		

续表

项目内容	分值	评分标准	扣分	得分
检修故障	60分	切断电源后不验电扣5分； 使用仪表和工具不正确，每次扣5分； 检查故障的方法不正确扣10分； 查出故障不会排除，每个故障扣20分； 检修中扩大检修范围扣10分； 少查出故障，每个扣20分； 扣坏电气元件扣30分； 检修中或检修后试车操作不正确，每次扣5分		
安全规范	10分	防护用品穿戴不齐全扣5分 检修结束后未恢复原状扣5分 检修中丢失零件扣5分 出现短路或触电扣10分		
工时		检查故障超时，每超时5分钟扣5分，最多可延长20分钟		
合计	100分			

■ **总结回顾**

本部分主要讲述了刀架快速移动电动机的电气原理图的分析以及刀架快速移动电动机常见故障的现象与检测。

（1）刀架快速移动电动机主电路在4号线路，控制电路在8号线路。

（2）刀架快速移动电动机常见故障有电动机缺相和电动机不能启动。

■ **课后习题**

6-2-1 CA6140型车床使用多年，对车床电气设备进行大修时应对电动机进行（　　）。

（A）不修　　　　（B）小修　　　　（C）中修　　　　（D）大修

6-2-2 能够充分表达电气设备和电器的用途以及线路工作原理的是（　　）。

（A）接线图　　　（B）电路图　　　（C）布置图

6-2-3 同一电路的各元件在电路图和接线图中使用的图形符号、文字符号要（　　）。

（A）基本相同　　（B）不同　　　　（C）完全相同

🏵 **任务6.3　CA6140型车床电气故障检测**

■ **任务导入**

请分析CA6140型车床电气原理图，并根据图纸进行排故，如图6-15所示。

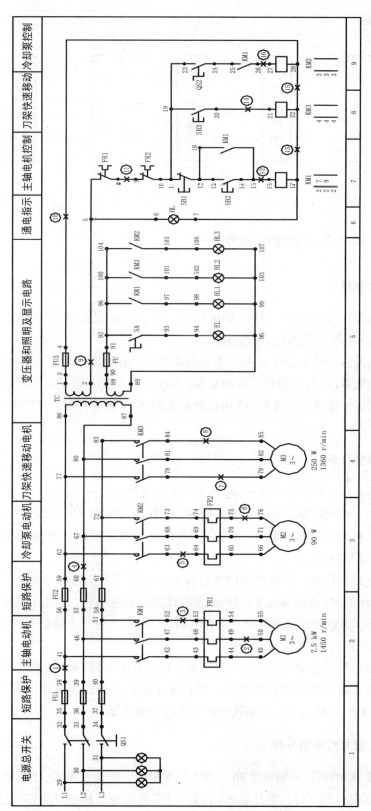

图 6-15 CA6140 型车床电气图

■ 任务分解

■ 资讯

6.3.1　CA6140 型车床电气原理图分析

一、主电路分析

主电路中共有三台电动机；M1 主轴电动机，带动主轴旋转和刀架做进给运动；M2 为冷却泵电动机；M3 为刀架快速移动电动机。

三相交流电源通过开关 QS1 引入。主轴电动机 M1 由接触器 KM1 控制启动，热继电器 FR1 为主轴电动机 M1 的过载保护。冷却泵 M2 由接触器 KM2 控制启动，热继电器 FR2 为它的过载保护。刀架快速移动电动机 M3 由接触器 KM3 控制启动，由于 M3 短时工作，故未设过载保护。

二、控制电路分析

控制回路的电源由控制变压器 TC 输出 127 V 电压提供。

（1）主轴电动机的控制。按下启动按钮 SB2，接触器 KM1 的线圈获电动作，其主触头闭合，主轴电动机启动运行。同时，KM1 有自锁触头和另一副常开触头闭合。按下按钮 SB1，主轴电动机 M1 停车。

（2）冷却电动机控制。如果车削加工过程中，工艺需要使用冷却液时，可以合上开关 QS2，在主轴电动机 M1 运转情况下，接触器 KM2 线圈获电吸合，其主触头闭合，冷却泵电动机获电而运行。由电气原理图可知，只有电动机 M1 启动后，冷却泵电机 M2 才有可能启动，当 M1 停止运行时，M2 也自动停止。

（3）刀架快速移动电动机的控制。刀架快速移动电动机 M3 的启动是由按钮 SB3 来控制的，它与接触器 KM3 组成点动控制环节。将操纵手柄扳到所需的方向，压下按钮 SB3，接触器 KM3 获电吸合，M3 启动，刀架就向指定方向快速移动。

三、照明、信号灯电路分析

控制变压器 TC 的副边分别输出 36 V 和 127 V 电压，作为机床低压照明灯、信号灯的电源。EL 为机床的低压照明灯，由开关 SA 控制；HL 为电源的信号灯。它们分别采用 FU 和 FU3 作为短路保护。

6.3.2 CA6140 型车床常见故障分析

（1）038 – 041 间断路全部电动机均缺一相，所有控制回路失效。

（2）049 – 050 间断路主轴电动机缺一相。

（3）052 – 053 间断路主轴电动机缺一相。

（4）060 – 067 间断路 M2、M3 电动机缺一相，控制回路失效。

（5）063 – 064 间断路冷却泵电动机缺一相。

（6）075 – 076 间断路冷却泵电动机缺一相。

（7）078 – 079 间断路刀架快速移动电动机缺一相。

（8）084 – 085 间断路刀架快速移动电动机缺一相。

（9）002 – 005 间断路除照明灯外，其他控制均失效。

（10）004 – 028 间断路控制回路失效。

（11）008 – 009 间断路指示灯亮，其他控制均失效。

（12）015 – 016 间断路主轴电动机不能启动。

（13）017 – 022 间断路除刀架快移动控制外其他控制失效。

（14）020 – 021 间断路刀架快移电动机不启动，刀架快移动失效。

（15）022 – 028 间断路机床控制均失效。

（16）026 – 027 间断路主轴电动机启动，冷却泵控制失效，QS2 不起作用。

■ 任务实施

6.3.3 CA6140 型车床常见故障检测与排除

CA6140 型车床常见故障检测与排除见表 6 – 6。

表 6 – 6 CA6140 型车床常见故障检测与排除

工位号	
工作任务	CA6140 车床电气线路故障检测与排除
工作时间	自＿＿时＿＿分至＿＿时＿＿分
工作条件	观察故障现象和排除故障后试机通电；检测及排故过程停电
工作许可人签名	
维修要求	1. 在工作许可人签名后方可进行检修； 2. 对电气线路进行检测，确定线路的故障点，排除调试并填写下列表格； 3. 严格遵守电工操作安全规程； 4. 不得擅自改变原线路接线，不得更改电路和元件位置； 5. 完成检修后能恢复该铣床各项功能
故障现象描述	

项目 6

CA6140 型车床电气故障检测与维修

故障检测和排除过程	
故障点描述	

■ 检查评估

6.3.4　CA6140 型车床排故项目评分标准

CA6140 型车床排故项目评分标准见表 6 – 7。

表 6 – 7　CA6140 型车床排故项目评分标准

项目内容	分值	评分标准	扣分	得分
故障分析	30 分	排除故障前不进行调查研究扣 5 分； 检修思路不正确扣 5 分； 标不出故障点、线或标错位置，每个故障点扣 10 分		
检修故障	60 分	切断电源后不验电扣 5 分； 使用仪表和工具不正确，每次扣 5 分； 检查故障的方法不正确扣 10 分； 查出故障不会排除，每个故障扣 20 分； 检修中扩大检修范围扣 10 分； 少查出故障，每个扣 20 分； 损坏电气元件扣 30 分； 检修中或检修后试车操作不正确，每次扣 5 分		
安全规范	10 分	防护用品穿戴不齐全扣 5 分； 检修结束后未恢复原状扣 5 分； 检修中丢失零件扣 5 分； 出现短路或触电扣 10 分		
工时		检查故障超时，每超时 5 分钟扣 5 分，最多可延长 20 分钟		
合计	100 分			

■ 总结回顾

本节结合 CA6140 型车床电气原理图，全面分析了车床电气原理图主电路、控制电路和辅助电路，分析了车床电气常见故障现象及故障点。

■ 课后习题

6-3-1 在电气原理图中，QS、FU、KM、KA、KS、FR、SB 各代表什么元器件？

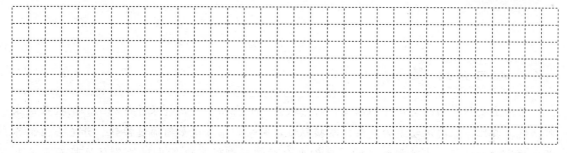

6-3-2 电气控制原理图中由哪些部分组成？各有什么作用？

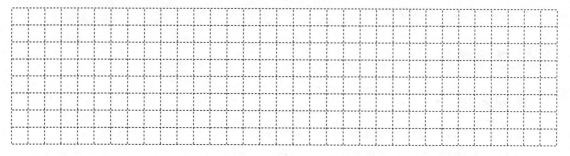

6-3-3 在电气控制线路中采用低压断路器作电源引入开关，电源电路是否还要用熔断器作短路保护？控制电路是否还要用熔断器作断路保护？

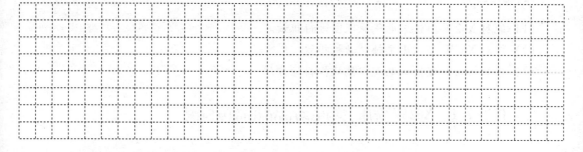

项目 **7**

X62W 铣床电气故障检测与维修

✅ 项目介绍

　　车床主要用于回转类零件的加工，对于较复杂的平面要使用铣床进行加工。刚接触铣床时，铣床要比车床的运动更为复杂，刚接触铣床时我们不知道如何通过按钮、开关去控制各部分的运动；经常从事铣削加工时，我们也会经常碰到铣床电气出现的各种故障而手足无措。那么，本项目将带你认识铣床，掌握基本的铣床电气故障排除技巧，熟练掌握典型X62W 铣床电气控制及故障排除技巧。

✅ 学有所获

■ 知识目标

（1）了解 X62W 型铣床的组成。

（2）了解 X62W 型铣床的运动。

（3）熟练掌握机床电气原理图的识读技巧。

■ 能力目标

（1）能对 X62W 型铣床电气原理图进行识读。

（2）能对 X62W 型铣床主轴电动机排故。

（3）学会 X62W 型铣床电气常见故障排除方法。

✿ 任务7.1　X62W 铣床主轴电动机常见故障检测

■ 任务导入

请分析 X62W 铣床主轴电动机控制过程，并根据图纸进行排故，如图 7 - 1 所示。

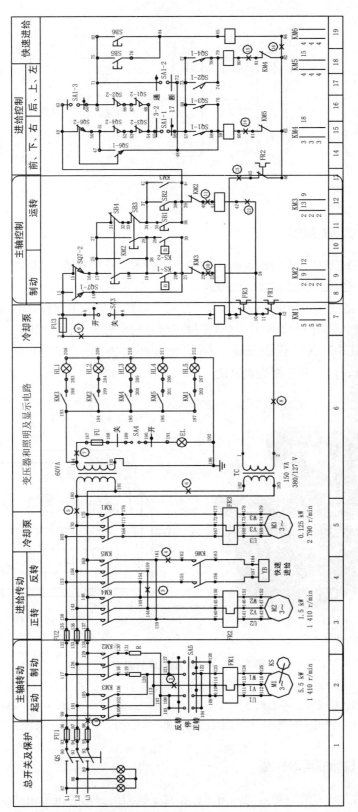

图 7 - 1 X62W 型铣床电气原理图

项目 **7**

X62W 铣床电气故障检测与维修

■ 任务分解

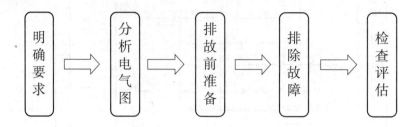

■ 资讯

7.1.1　X62W 铣床的组成

铣床主要指用铣刀对工件多种表面进行加工的机床。铣床除能铣削平面、沟槽、轮齿、螺纹和花键轴外，还能加工比较复杂的型面。

X62W 卧式万能铣床主要由底座、床身、悬梁、刀杆支架、工作台、回旋盘、溜板箱和升降台等部分组成，如图 7-2 所示。X62W 铣床编号的意思为：长 1 320mm × 宽 320 mm 的万能卧式铣床。其中"X"代表铣床，"6"代表卧式铣床，"2"代表 2#工作台（长 1 320 mm × 宽 320 m），"W"则代表万能。

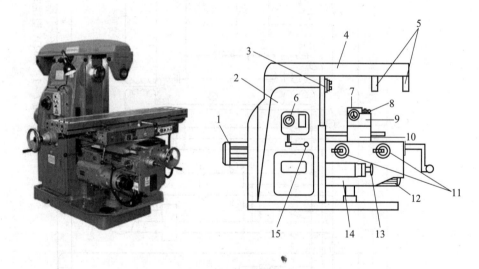

图 7-2　X62W 型铣床的组成

（a）外形；（b）结构

1—主轴电动机；2—床身；3—主轴；4—悬梁；5—刀杆支架；6—主轴变速盘；7—工作台；8—纵向操纵手柄；9—回转盘；10—溜板；11—十字手柄；12—进给电动机；13—进给变速手柄及变速盘；14—升降台；15—主轴变速手柄

7.1.2　X62W 铣床的运动控制

铣床的主运动为铣刀的旋转运动，而工件相对于铣刀的移动为进给运动。

主轴电动机用笼型异步电动机拖动，通过齿轮进行调速，为完成顺铣和逆铣，主轴电动机应能正反转。为了减少负载波动对铣刀转速的影响，使铣削平稳一些，铣床的主轴上装有飞轮，使得主轴传动系统的惯性较大，因此，为了缩短停车时间，主轴采用电气制动停车。为保证变速时，齿轮顺利地啮合好，要求变速时主轴电动机进行冲动控制，即变速时电动机通过点动控制稍微转动一下。升降台可上下移动，在升降台上面的水平导轨上装有溜板箱，溜板箱可沿主轴轴线平行方向移动（横向移动，即前后移动），溜板上部装有可转动的回转台，工作台装在可转动回转台的导轨上，可做垂直于主轴轴线方向的移动（纵向移动，即左右移动）。这样固定在工作台上的工件可做上下、左右、前后六个方向的移动。各个运动部件在六个方向上的运动由同一台进给电动机通过正反转进行拖动，在同一时间内，只允许一个方向上的运动。

7.1.3 X62W 铣床主轴电动机电气原理图分析

主轴电动机电气控制图如图 7 - 3 所示。

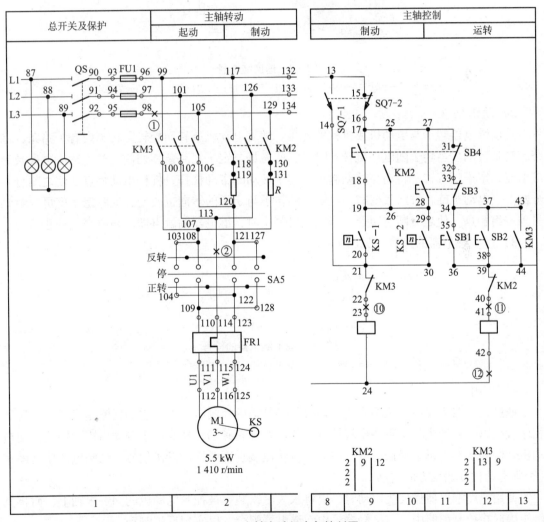

图 7 - 3　主轴电动机电气控制图

一、速度继电器

1）速度继电器的组成

速度继电器（转速继电器）又称反接制动继电器，其主要结构由转子、定子及触点三部分组成，如图 7-4 所示。转子是一个圆柱形永久磁铁；定子是一个笼形空心圆环，由硅钢片叠成，并装有笼型绕组。

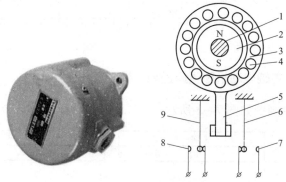

图 7-4　速度继电器

1—转轴；2—转子；3—定子；4—绕组；5—摆锤；6，9—簧片；7，8—静触点

2）动作原理

速度继电器转子与电动机或机械轴连接，随着电动机旋转而旋转。转子内有短路条，围绕着转轴转动。当转子随电动机转动时，它的磁场与定子短路条相切割，产生感应电势及感应电流，定子随着转子转动而转动起来。定子转动时带动杠杆，杠杆推动触点，使之闭合与分断。当电动机旋转方向改变时，继电器的转子与定子的转向也改变，这时定子就可以触动另外一组触点，使之分断与闭合。当电动机停止时，继电器的触点即恢复原来的静止状态。

3）速度继电器的符号（见图 7-5）

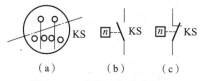

图 7-5　速度继电器的符号

（a）转子；（b）常开触电；（c）常闭触点

4）应用

速度继电器主要用于三相异步电动机反接制动的控制电路中，它的任务是当三相电源的相序改变以后，产生与实际转子转动方向相反的旋转磁场，从而产生制动力矩。因此，使电动机在制动状态下迅速降低速度，在电动机转速接近零时立即发出信号，切断电源使之停车（否则电动机开始反方向启动）。

使用速度继电器作反接制动时，应将永久磁铁装在被控制电动机的同一根轴上，而将其触头串联在控制电路中，与接触器、中间继电器配合，以实现反接制动。

常用的速度继电器有 YJ1 型和 JFZ0 型。通常速度继电器的动作转速为 120 r/min，复位转速为 100 r/min。

二、转换开关（SA）

转换开关又称组合开关，与刀开关的操作不同，它是左右旋转的平面操作。转换开关具有多触点、多位置、体积小、性能可靠、操作方便和安装灵活等优点，多用于机床电气控制线路中电源的引入开关，起着隔离电源作用，还可作为直接控制小容量异步电动机不频繁启动和停止的控制开关。转换开关同样也有单极、双极和三极。

转换开关的接触系统是由数个装嵌在绝缘壳体内的静触头座和可动支架中的动触头构成，如图7-6所示。动触头是双断点对接式的触桥，在附有手柄的转轴上随转轴旋至不同位置使电路接通或断开。定位机构采用滚轮卡棘轮结构，配置不同的限位件，可获得不同挡位的开关。

图7-6 转换开关

转换开关触点状态及位置表如图7-7所示。

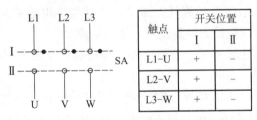

触点	开关位置	
	I	II
L1-U	+	-
L2-V	+	-
L3-W	+	-

图7-7 转换开关触点状态及位置表

转换开关是刀开关的一种，其区别是刀开关操作时上下平面动作，转换开关则是左右旋转平面动作，并且可制成多触头、多挡位的开关。

三、主轴电动机电气控制分析

从图7-2可以看出，主轴电动机的主电路在2号线路，控制电路在8~13号线路。KM3接触器控制主轴的启动，KM2接触器控制主轴的制动。主轴启动控制电路在11~13号线路。主轴制动控制电路在8~10号线路。

1）主轴电动机启动控制

闭合SA5开关到正转（或反转），按下按钮SB1或SB2，KM3接触器线圈得电，KM3常开触点闭合自锁，KM3主触点闭合，M1电动机运行。

按下按钮SB3（或SB4），KM3线圈失电，KM3主触点断开，M1电动机启动控制停止。

2）主轴电动机制动控制

当按下SB3（或SB4）时，主轴电动机启动电路停止。同时，KM2接触器线圈得电，主电路中KM2主触点闭合，M1电动机反接制动运行。

M1 电动机由于反接制动，转速不断下降，当转速下降到 120 r/min 时，控制电路中速度继电器 KS-1 和 KS-2 断开，KM2 线圈失电，KM2 主触点断开，M1 电动机停止，制动过程结束。

四、主轴电动机常见故障分析

1）主轴电动机不能启动

（1）主轴换相开关 SA5 在停止位置。

（2）按钮 SB1、SB2、SB3 或 SB4 的触点接触不良。

（3）主轴变速冲动行程开关 SQ7 的常闭触点接触不良。

（4）主轴电动机控制线路 KM2 接触器辅助触点接触不良或者断路。

（5）KM3 线圈接触不良或者断路

2）主轴停车时没有制动

（1）主轴无制动时要首先检查按下停止按钮后反接制动接触器是否吸合，如 KM2 不吸合，则应检查控制电路。检查时先操作主轴变速冲动手柄，若有冲动，说明故障的原因是速度继电器或按钮支路发生故障。

（2）若 KM2 吸合，则首先检查 KM2 的制动回路是否有缺两相的故障存在，如果制动回路缺两相，则完全没有制动现象；其次检查速度继电器的常开触点是否过早断开，如果速度继电器的常开触点过早断开，则制动效果不明显。

（3）主轴停车后产生短时反向旋转，这是由于速度继电器的弹簧调得过松，使触点分断过迟引起的，只要重新调整反力弹簧就可以消除故障。

（4）按下停止按钮后主轴不停。若按下停止按钮后，接触器 KM3 不释放，则说明接触器 KM3 主触头熔焊。

若按下停止按钮后，KM3 能释放，KM2 吸合后有嗡嗡声，或转速过低，则说明制动接触器 KM2 主触头只有两相接通，电动机不会产生反向转矩，同时在缺相运行。

若按下停止按钮后电动机能反接制动，但放开停止按钮后电动机又再次启动，则是启动按钮在启动电动机 M1 时绝缘被击穿。

若按下停止按钮，KM2 接触器线圈没有反应，说明制动控制电路没有导通，KM3 辅助常闭触点与 KM2 线圈之间电路断路。

■ 任务实施

7.1.4　X62W 铣床主轴电动机常见故障检测及排除

步骤一：列出排故工具清单（见表 7-1）

表 7-1　排故工具清单

序号	器件名称	数量	规格
1			
2			
3			
4			

步骤二：X62W 型铣床主轴电动机维修工作表（见表 7 – 2）

表 7 – 2　X62W 型铣床主轴电动机维修工作表

工位号	
工作任务	X62W 型铣床电气线路故障检测与排除
工作时间	自＿＿时＿＿分至＿＿时＿＿分
工作条件	观察故障现象和排除故障后试机通电；检测及排故过程停电
工作许可人签名	
维修要求	1. 在工作许可人签名后方可进行检修； 2. 对电气线路进行检测，确定线路的故障点，排除、调试并填写下列表格； 3. 严格遵守电工操作安全规程； 4. 不得擅自改变原线路接线，不得更改电路和元件位置； 5. 完成检修后能恢复该铣床各项功能
故障现象描述	
故障检测和排除过程	
故障点描述	

■ 检查评估

7.1.5 X62W 型铣床排故项目评分标准

X62W 型铣床排故项目评分标准见表 7 – 3。

表 7 – 3　X62W 型铣床排故项目评分标准

项目内容	分值	评分标准	扣分	得分
故障分析	30 分	排除故障前不进行调查研究扣 5 分； 检修思路不正确扣 5 分； 标不出故障点、线或标错位置，每个故障点扣 10 分		
检修故障	60 分	切断电源后不验电扣 5 分； 使用仪表和工具不正确，每次扣 5 分； 检查故障的方法不正确扣 10 分； 查出故障不会排除，每个故障扣 20 分； 检修中扩大检修范围扣 10 分； 少查出故障，每个扣 20 分； 损坏电气元件扣 30 分； 检修中或检修后试车操作不正确，每次扣 5 分		
安全规范	10 分	防护用品穿戴不齐全扣 5 分； 检修结束后未恢复原状扣 5 分； 检修中丢失零件扣 5 分； 出现短路或触电扣 10 分		
工时		检查故障超时，每超时 5 分钟扣 5 分，最多可延长 20 分钟		
合计	100 分			

■ 总结回顾

本任务主要是向同学们介绍了 X62W 铣床主轴电气原理图。

（1）X62W 卧式万能铣床主要由底座、床身、悬梁、刀杆支架、工作台、回旋盘、溜板箱和升降台等部分组成。

（2）速度继电器（转速继电器）又称反接制动继电器，其主要由转子、定子及触点三部分组成。

（3）X62W 主轴电动机主电路在 2 号线路，控制电路在 8 ~ 13 号线路。KM3 接触器控制主轴的启动，KM2 接触器控制主轴的制动。主轴启动控制电路在 11 ~ 13 号线路，主轴制动控制电路在 8 ~ 10 号线路。

■ 课后习题

7 – 1 – 1　X62W 铣床的主要运动是什么？

7 – 1 – 2　X62W 铣床主轴电动机的主电路和控制电路分别在几号线路？

7 – 1 – 3　X62W 铣床主轴电动机的常见故障有哪些？

🌼 **任务 7.2　X62W 铣床进给电动机故障检测**

■ 任务导入

请分析 X62W 铣床进给电动机控制过程，并根据图纸进行排故，如图 7 – 8 所示。

项目 7

X62W 铣床电气故障检测与维修

197

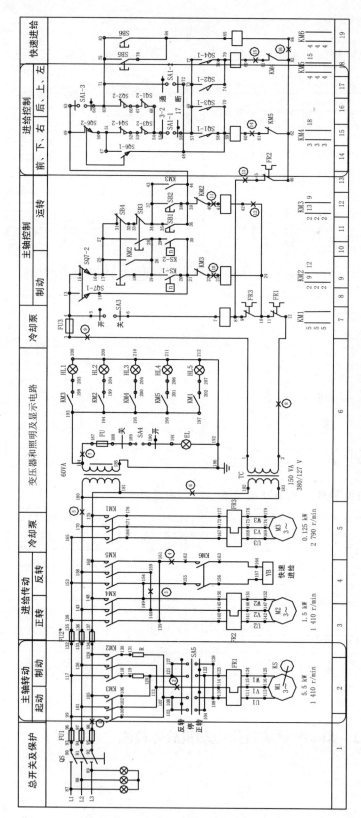

图 7 - 8 X62W 型铣床电气图

■ 任务分解

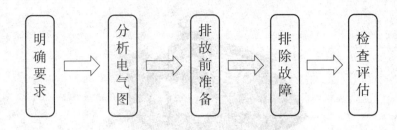

■ 资讯

7.2.1 X62W 型进给电动机电气原理图分析

一、十字开关

十字开关主要用于控制电路，如图 7 - 9 所示，分为自动复位和自动自锁两种。自动复位是扳动后自动复位的，有 4 个方向或 8 个方向的，实际就是 4 个或 8 个按钮的组合体；另一种自锁是扳动之后不能自己复位需要手动扳回，相当于 4 个或 8 个开关。如常用的型号有 HKB - 402、HKB - 4022，其中 4 表示四向；0 表示 0 位；2 表示 2 节；22 表示自锁。

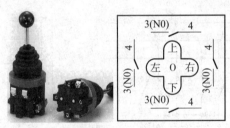

图 7 - 9　十字开关

二、冲动

齿轮啮合传动的机构，在变速时如果两齿尖相对，齿轮肯定啮合不上，所以需要人为地转动齿轮，才可以正确啮合。比如车床可以用手转动卡盘。但铣床的主轴很重，人力是转不动的，所以在变速操纵杆内装一冲动装置，在齿轮脱离的瞬间使电动机冲动，这样就可以方便地转动变速手轮，使齿轮正确啮合了。机床的主轴变速和进给变速分别由各自的变速孔盘机构进行调速。

主轴电动机变速时的冲动控制，是利用变速手柄与冲动行程开关 SQ6 通过机械上的联动机构进行控制的。变速操作可在开车时进行，也可在停车时进行。若开车进行变速，首先将主轴变速手柄微微压下，使它从第一道槽内拔出，然后将变速手柄拉向第二道槽，当快要落入第二道槽内时，将变速盘转到所需的转速，然后将变速手柄从第二道槽迅速推回原位。

三、牵引电磁铁

铣床工作台的快速移动是靠牵引电磁铁实现的。牵引电磁铁顾名思义，主要由线圈和衔

铁组成，如图7-10所示。在电磁铁中，电磁系统的主要任务是将输入的电阻变成电磁吸力，以便与反力特性进行比较，决定衔铁的吸合。

图7-10 牵引电磁铁

四、进给电动机电气原理图分析

进给电动机电气原理图如图7-11所示。

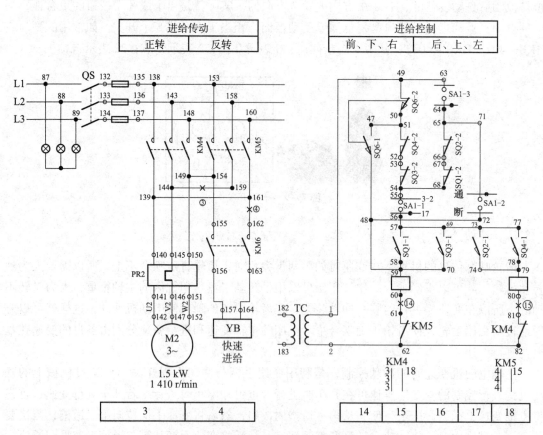

图7-11 进给电动机电气原理图

进给电动机主电路在3号和4号线路，控制电路在14~18号线路，进给电动机电气原理图如图7-9所示。

主电路中，接触器 KM4 控制电路的正转，接触器 KM5 控制电动机的反转，接触器 KM6 控制快速进给电路。

控制电路中，SA1 控制圆工作台和非圆工作台的切换，在不需要圆工作台运动时，转换开关扳到"断开"位置，此时 SA1－1 闭合、SA1－2 断开、SA1－3 闭合；当需要圆工作台运动时，将转换开关扳到"接通"位置，则 SA1－1 断开、SA1－2 闭合、SA1－3 断开。

具体控制过程如下：

1）工作台纵向进给

工作台的左右（纵向）运动是由"工作台纵向操作手柄"来控制的。手柄有三个位置：向左、向右、零位（停止）。当手柄扳到向左或向右位置时，手柄有两个功能，一是压下位置开关 SQ1 或 SQ2；二是通过机械机构将电动机的传动链拨向工作台下面的丝杆上，使电动机的动力唯一地传到该丝杆上，工作台在丝杆带动下做左右进给运动。在工作台两端各设置一块挡铁，当工作台纵向运动到极限位置时，挡铁撞到纵向操作手柄，使它回到中间位置，工作台停止运动，从而实现纵向运动的终端保护。

（1）工作台向右运动。主轴电动机 M1 启动后，将操纵手柄向右扳，其联动机构压动位置开关 SQ1，常开触头 SQ1－1 闭合，常闭触头 SQ1－2 断开，接触器 KM4 通电吸合，电动机 M2 正转启动，带动工作台向右进给。

（2）工作台向左进给控制过程与向右进给相似，只是将纵向操作手柄拨向左，这时位置开关 SQ2 被压着，SQ2－1 闭合，SQ2－2 断开，接触器 KM5 通电吸合，电动机反转，工作台向左进给。

2）工作台升降和横向（前后）进给

操纵工作台上下和前后运动是用同一手柄完成的。该手柄有五个位置，即上、下、前、后和中间位置。当手柄扳向上或向下时，机械上接通了垂直进给离合器；当手柄扳向前或扳向后时，接通了横向进给离合器；当手柄在中间位置时，横向和垂直进给离合器均不接通。在手柄扳到向下或向前位置时，手柄通过机械联动机构使位置开关 SQ3 被压动，接触器 KM4 通电吸合，电动机正转；在手柄扳到向上或向后时，位置开关 SQ4 被压动，接触器 KM5 通电吸合，电动机反转。

此五个位置是联锁的，各方向的进给不能同时接通，所以不可能出现传动紊乱的现象。

（1）工作台向上（下）运动。

在主轴电动机启动后，将纵向操作手柄扳到中间位置，把横向和升降操作手柄扳到向上（下）位置，联动机构一方面接通垂直传动丝杆的离合器；另一方面使位置开关 SQ4（SQ3）动作，KM5（KM4）获电，电动机 M2 反（正）转，工作台向上（下）运动。将手柄扳回中间位置，工作台停止运动。

（2）工作台向前（后）运动。

手柄扳到向前（后）位置，机械装置将横向传动丝杆的离合器接通，同时压动位置开关 SQ3（SQ4），KM4（KM5）获电，电动机 M2 正（反）转，工作台向前（后）运动。

■ 任务实施

7.2.2 进给电动机常见故障检测与排除

一、进给电动机常见故障

1）工作台不能做向上进给

检查时可依次进行快速进给、进给变速冲动或圆工作台向前进给、向左进给及向后进给的控制，若上述操作正常则可缩小故障的范围，然后再逐个检查故障范围内的各个元件和接点，检查接触器 KM4 是否动作、行程开关 SQ4 是否接通、KM4 的常闭联锁触头是否良好、热继电器是否动作，直到检查出故障点。若上述检查都正常，再检查操作手柄的位置是否正确，如果手柄位置正确，则应考虑是否由于机械磨损或位移使操作失灵。

2）工作台左右（纵向）不能进给

应首先检查横向或垂直进给是否正常，如果正常，则进给电动机 M2，主电路，接触器 KM4、KM5，SQ1-2、SQ2-2 及与纵向进给相关的公共支路都正常，此时应检查 SQ3-1、SQ4-1、SQ6-2，只要其中有一对触点接触不良或损坏，工作台就不能向左或向右进给。SQ6 是变速冲动开关，常因变速时手柄操作过猛而损坏。

3）工作台各个方向都不能进给

用万用表检查各个回路的电压是否正常，若控制回路的电压正常，可扳动手柄到任一运动方向，观察其相关的接触器是否吸合，若吸合则控制回路正常。再着重检查主电路，检查是否有接触器主触头接触不良、电动机接线脱落和绕组断路等故障。

二、进给电动机故障检测与排除

进给电动机故障检测与排除，见表 7-4。

表 7-4　进给电动机故障检测与排除

工位号	
工作任务	X62W 铣床进给电动机故障检测
工作时间	自＿＿时＿＿分至＿＿时＿＿分
工作条件	观察故障现象和排除故障后试机通电；检测及排故过程停电
工作许可人签名	
维修要求	1. 在工作许可人签名后方可进行检修； 2. 对电气线路进行检测，确定线路的故障点，排除、调试并填写下列表格； 3. 严格遵守电工操作安全规程； 4. 不得擅自改变原线路接线，不得更改电路和元件位置； 5. 完成检修后能恢复该铣床各项功能

故障现象描述	
故障检测和排除过程	
故障点描述	

■ 检查评估

7.2.3　X62W 铣床排故项目评分标准

X62W 铣床排故项目评分标准见表 7 – 5。

表 7 – 5　X62W 铣床排故项目评分标准

项目内容	分值	评分标准	扣分	得分
故障分析	30 分	排除故障前不进行调查研究扣 5 分； 检修思路不正确扣 5 分； 标不出故障点、线或标错位置，每个故障点扣 10 分		
检修故障	60 分	切断电源后不验电扣 5 分； 使用仪表和工具不正确，每次扣 5 分； 检查故障的方法不正确扣 10 分； 查出故障不会排除，每个故障扣 20 分； 检修中扩大检修范围扣 10 分； 少查出故障，每个扣 20 分； 损坏电气元件扣 30 分； 检修中或检修后试车操作不正确，每次扣 5 分		
安全规范	10 分	防护用品穿戴不齐全扣 5 分； 检修结束后未恢复原状扣 5 分； 检修中丢失零件扣 5 分； 出现短路或触电扣 10 分		
工时		检查故障超时，每超时 5 分钟扣 5 分，最多可延长 20 分钟		
合计	100 分			

■ 总结回顾

本节主要讲述了进给电动机电气原理图以及进给电动机常见故障的现象与检测。

（1）进给电动机主电路在 3 号和 4 号线路，控制电路在 14～18 号线路，

（2）进给电动机常见故障较多，如电动机缺相和电动机不能上下或者左右运动。

（3）进给电动机主电路在 3～4 号线路，控制电路在 14～18 号线路。KM4 接触器控制进给电动机正转，KM5 接触器控制进给电动机反转。

■ 课后习题

7-2-1　X62W 型万能铣床工作台运动控制有什么特点？在电气与机械上是如何实现工作台的运动控制的？

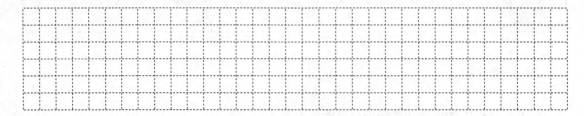

7-2-2　简述 X62W 万能铣床圆工作台电气控制的工作原理。

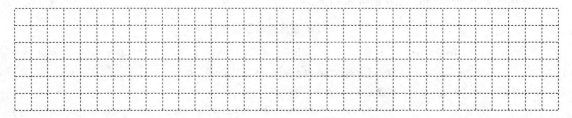

7-2-3　分析铣床工作台能向前、向后、向上、向下进给，但不能向左、向右进给的故障。

✦ 任务 7.3　X62W 铣床电气故障检测

■ 任务导入

请分析 X62W 型铣床电气原理图，并根据图纸进行排故，如图 7-12 所示。

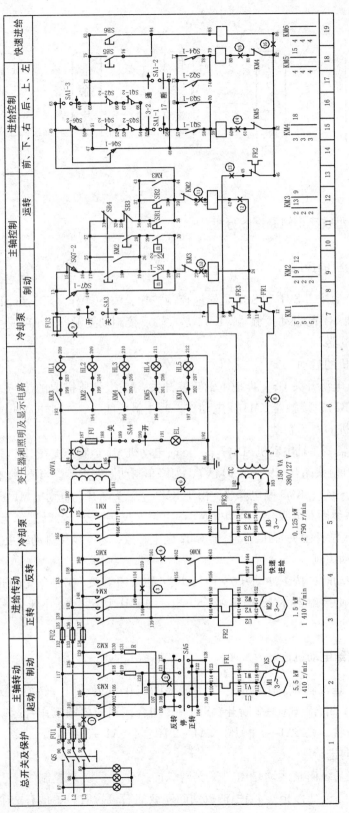

图 7 – 12　X62W 型铣床电气原理图

■ 任务分解

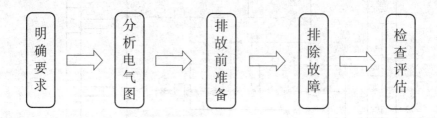

■ 资讯

7.3.1　X62W 型铣床电气原理图分析

一、主轴电动机的控制

控制线路的启动按钮 SB1 和 SB2 是异地控制按钮，方便操作。SB3 和 SB4 是停止按钮。KM3 是主轴电动机 M1 的启动接触器，KM2 是主轴反接制动接触器，SQ7 是主轴变速冲动开关，KS 是速度继电器。

1）主轴电动机的启动

启动前先合上电源开关 QS，再把主轴转换开关 SA5 扳到所需的旋转方向，然后按启动按钮 SB1（或 SB2），接触器 KM3 获电动作，其主触头闭合，主轴电动机 M1 启动。

2）主轴电动机的停车制动

当铣削完毕，需要主轴电动机 M1 停车，此时电动机 M1 运转速度在 120 r/min 以上时，速度继电器 KS 的常开触头闭合（9 区或 10 区），为停车制动做好准备。当要 M1 停车时，就按下停止按钮 SB3（或 SB4），KM3 断电释放，由于 KM3 主触头断开，电动机 M1 断电做惯性运转，紧接着接触器 KM2 线圈获电吸合，电动机 M1 串电阻 R 反接制动。当转速降至 120 r/min 以下时，速度继电器 KS 常开触头断开，接触器 KM2 断电释放，停车反接制动结束。

3）主轴的冲动控制

当需要主轴冲动时，按下冲动开关 SQ7，SQ7 的常闭触头 SQ7 - 2 先断开，然后常开触头 SQ7 - 1 闭合，使接触器 KM2 通电吸合，电动机 M1 启动，松开开关，机床模拟冲动完成。

二、工作台进给电动机控制

转换开关 SA1 是控制圆工作台的，在不需要圆工作台运动时，转换开关扳到"断开"位置，此时 SA1 - 1 闭合、SA1 - 2 断开、SA1 - 3 闭合；当需要圆工作台运动时，将转换开关扳到"接通"位置，则 SA1 - 1 断开、SA1 - 2 闭合、SA1 - 3 断开。

1）工作台纵向进给

工作台的左右（纵向）运动是由"工作台纵向操作手柄"来控制的。手柄共有三个位置：向左、向右、零位（停止）。当手柄扳到向左或向右位置时，手柄有两个功能，一是压下位置开关 SQ1 或 SQ2；二是通过机械机构将电动机的传动链拨向工作台下面的丝杆上，使电动机的动力唯一地传到该丝杆上，工作台在丝杆带动下做左右进给。在工作台两端各设置一块挡铁，当工作台纵向运动到极限位置时，挡铁撞到纵向操作手柄，使它回到中间位置，工作台停止运动，从而实现纵向运动的终端保护。

（1）工作台向右运动。

主轴电动机 M1 启动后，将操纵手柄向右扳，其联动机构压动位置开关 SQ1，常开触头 SQ1-1 闭合，常闭触头 SQ1-2 断开，接触器 KM4 通电吸合，电动机 M2 正转启动，带动工作台向右进给。

（2）工作台向左进给控制过程与向右进给相似，只是将纵向操作手柄拨向左，这时位置开关 SQ2 被压着，SQ2 1 闭合，SQ2-2 断开，接触器 KM5 通电吸合，电动机反转，工作台向左进给。

2）工作台升降和横向（前后）进给

操纵工作台上下和前后运动是用同一手柄完成的。该手柄有五个位置，即上、下、前、后和中间位置。当手柄扳向上或向下时，机械上接通了垂直进给离合器；当手柄扳向前或扳向后时，接通了横向进给离合器；当手柄在中间位置时，横向和垂直进给离合器均不接通。在手柄扳到向下或向前位置时，手柄通过机械联动机构使位置开关 SQ3 被压动，接触器 KM4 通电吸合，电动机正转；在手柄扳到向上或向后时，位置开关 SQ4 被压动，接触器 KM5 通电吸合，电动机反转。

此五个位置是联锁的，各方向的进给不能同时接通，所以不可能出现传动紊乱的现象。

（1）工作台向上（下）运动。

在主轴电动机启动后，将纵向操作手柄扳到中间位置，把横向和升降操作手柄扳到向上（下）位置，联动机构一方面接通垂直传动丝杆的离合器；另一方面它使位置开关 SQ4（SQ3）动作，KM5（KM4）获电，电动机 M2 反（正）转，工作台向上（下）运动。将手柄扳回中间位置，工作台停止运动。

（2）工作台向前（后）运动。

手柄扳到向前（后）位置，机械装置将横向传动丝杆的离合器接通，同时压动位置开关 SQ3（SQ4），KM4（KM5）获电，电动机 M2 正（反）转，工作台向前（后）运动。

三、联锁问题

1）进给运动

真实机床在上、下、前、后四个方向进给时，又操作纵向控制这两个方向的进给，将造成机床重大事故，所以必须联锁保护。当上、下、前、后四个方向进给时，若操作纵向任一方向，SQ1-2 或 SQ2-2 两个开关中的一个被压开，接触器 KM4（KM5）立刻失电，电动机 M2 停转，从而得到保护。

同理，当纵向操作时又操作某一方向而选择了向左或向右进给时，SQ1 或 SQ2 被压着，它们的常闭触头 SQ1-2 或 SQ2-2 是断开的，接触器 KM4 或 KM5 都由 SQ3-2 和 SQ4-2 接通。若发生误操作，而选择上、下、前、后某一方向的进给，就一定会使 SQ3-2 或 SQ4-2断开，使 KM4 或 KM5 断电释放，电动机 M2 停止运转，从而避免机床事故。

2）进给冲动

机床为使齿轮进入良好的啮合状态，将变速盘向里推。在推进时，挡块压动位置开关

SQ6，首先使常闭触头 SQ6 - 2 断开，然后常开触头 SQ6 - 1 闭合，接触器 KM4 通电吸合，电动机 M2 启动。但它并未转起来，位置开关 SQ6 已复位，首先断开 SQ6 - 1，然后闭合 SQ6 - 2，接触器 KM4 失电，电动机失电停转。电动机接通一下电源，齿轮系统产生一次抖动，使齿轮啮合顺利进行。若要冲动，则按下冲动开关 SQ6，模拟冲动。

3）工作台的快速移动

在工作台向某个方向运动时，按下按钮 SB5 或 SB6（两地控制），接触器闭合 KM6 通电吸合，它的常开触头（4 区）闭合，电磁铁 YB 通电（指示灯亮）模拟快速进给。

4）圆工作台的控制

把圆工作台控制开关 SA1 扳到"接通"位置，此时 SA1 - 1 断开，SA1 - 2 接通，SA1 - 3 断开，主轴电动机启动后，圆工作台即开始工作，其控制电路是：电源—SQ4 - 2—SQ3 - 2—SQ1 - 2—SQ2 - 2—SA1 - 2—KM4 线圈—电源。接触器 KM4 通电吸合，电动机 M2 运转。

铣床为了扩大机床的加工能力，在机床上安装附件——圆工作台，这样可以进行圆弧或凸轮的铣削加工。拖动时，所有进给系统均停止工作，只让圆工作台绕轴心回转，铣刀铣出圆弧。在圆工作台开动时，其他进给一律不准运动，若有误操作动了某个方向的进给，则必然会使开关 SQ1 ~ SQ4 中的某一个常闭触头断开，使电动机停转，从而避免了机床事故的发生。按下主轴停止按钮 SB3 或 SB4，主轴停转，圆工作台也停转。

四、冷却照明控制

要启动冷却泵时扳开关 SA3，接触器 KM1 通电吸合，电动机 M3 运转冷却泵启动。机床照明是由变压器 T 供给 36 V 电压，工作灯由 SA4 控制。

7.3.2 X62W 铣床常见故障分析

（1）098 - 105 间断路，主轴电动机正、反转均缺一相，进给电动机、冷却泵缺一相，控制变压器及照明变压器均没电。

（2）113 - 114 间断路，主轴电动机无论正反转均缺一相。

（3）144 - 159 间断路，进给电动机反转缺一相。

（4）161 - 162 间断路，快速进给电磁铁不能动作。

（5）170 - 180 间断路，照明及控制变压器没电，照明灯不亮，控制回路失效。

（6）181 - 182 间断路，控制变压器缺一相，控制回路失效。

（7）184 - 187 间断路，照明灯不亮。

（8）002 - 012 间断路，控制回路失效。

（9）001 - 003 间断路，控制回路失效。

（10）022 - 023 间断路，主轴制动、冲动失效。

（11）040 - 041 间断路，主轴不能启动。

（12）024 - 042 间断路，主轴不能启动。

（13）008 - 045 间断路，工作台进给控制失效。

（14）060 - 061 间断路，工作台向下、向右、向前进给控制失效。

（15）080 - 081 间断路，工作台向后、向上、向左进给控制失效。

（16）082 – 086 间断路，两处快速进给全部失效。

■ **任务实施**

7.3.3 X62W 铣床常见故障检测与排除

X62W 铣床常见故障检测与排除见表7－6。

表7－6 X62W 铣床常见故障检测与排除

工位号	
工作任务	X62W 铣床电气线路故障检测与排除
工作时间	自____时____分至____时____分
工作条件	观察故障现象和排除故障后试机通电；检测及排故过程停电
工作许可人签名	
维修要求	1. 在工作许可人签名后方可进行检修； 2. 对电气线路进行检测，确定线路的故障点，排除、调试并填写下列表格； 3. 严格遵守电工操作安全规程； 4. 不得擅自改变原线路接线，不得更改电路和元件位置； 5. 完成检修后能恢复该铣床各项功能
故障现象描述	
故障检测和排除过程	
故障点描述	

■ **检查评估**

7.3.4 X62W 型铣床排故项目评分标准

X62W 型铣床排故项目评分标准见表7－7。

表 7 – 7　X62W 型铣床排故项目评分标准

项目内容	分值	评分标准	扣分	得分
故障分析	30 分	排除故障前不进行调查研究扣 5 分； 检修思路不正确扣 5 分； 标不出故障点、线或标错位置，每个故障点扣 10 分		
检修故障	60 分	切断电源后不验电扣 5 分； 使用仪表和工具不正确，每次扣 5 分； 检查故障的方法不正确扣 10 分； 查出故障不会排除，每个故障扣 20 分； 检修中扩大检修范围扣 10 分； 少查出故障，每个扣 20 分； 损坏电气元件扣 30 分； 检修中或检修后试车操作不正确，每次扣 5 分		
安全规范	10 分	防护用品穿戴不齐全扣 5 分； 检修结束后未恢复原状扣 5 分； 检修中丢失零件扣 5 分； 出现短路或触电扣 10 分		
工时		检查故障超时，每超时 5 分钟扣 5 分，最多可延长 20 分钟		
合计	100 分			

■ **总结回顾**

　　本任务结合 X62W 铣床电气原理图，全面分析了铣床主轴电动机、进给电动机快速移动以及联锁问题等，分析了铣床电气常见故障现象及故障点。

■ **课后习题**

　　7 – 3 – 1　电磁离合器主要由哪几部分组成？工作原理是什么？

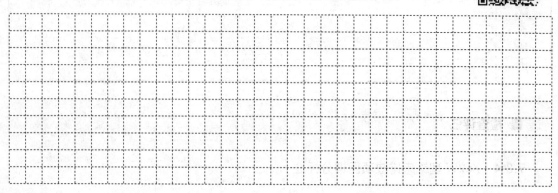

7-3-2 铣床在变速时，为什么要进行冲动控制？

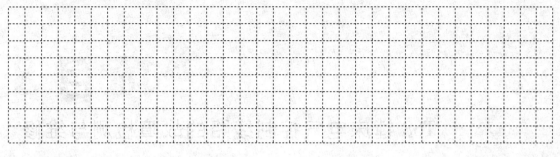

7-3-3 X62W 型万能铣床具有哪些联锁和保护？为何要有这些联锁与保护？

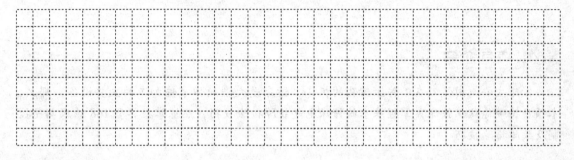

项目 8
T68 镗床电气控制线路的故障检测与维修

镗床主要是用镗刀在工件上镗孔的机床，镗床是大型箱体零件加工的主要设备。那么，本项目将带你认识镗床，掌握基本的镗床电气故障排除技巧，熟练掌握典型 T68 镗床电气控制及故障排除技巧。

■ 知识目标

(1) 了解 T68 镗床的组成。
(2) 了解 T68 镗床的运动形式。
(3) 熟练掌握机床电气原理图的识读技巧。
(4) 了解双速电动机的电气控制原理。

■ 能力目标

(1) 能分析 T68 镗床电气原理图。
(2) 能排除 T68 镗床主轴电动机、快速移动电动机的电气故障。
(3) 学会 T68 镗床电气常见故障排除方法。

✸ 任务 8.1 T68 镗床主轴电动机常见故障检测

■ 任务导入

请分析 T68 镗床主轴电动机控制过程，并根据图纸进行排故，如图 8-1 所示。

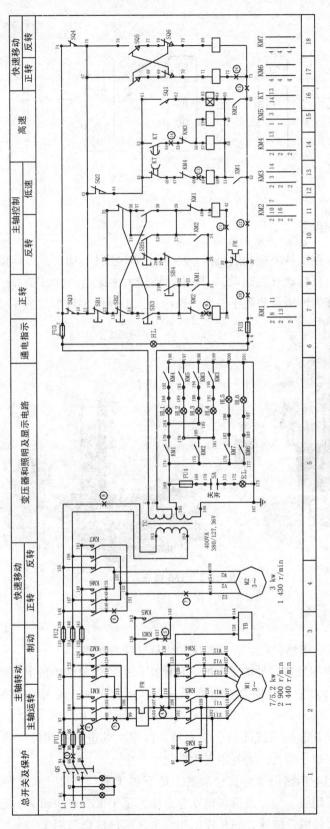

图 8 – 1　T68 镗床主轴电动机电气原理图

项目 8

T68 镗床电气控制线路的故障检测与维修

■ 任务分解

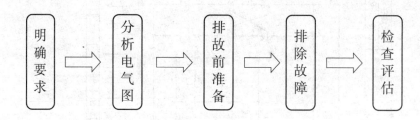

明确要求 → 分析电气图 → 排故前准备 → 排除故障 → 检查评估

■ 资讯

8.1.1　T68 镗床的组成

镗床主要是用镗刀在工件上镗孔的机床，加工过程中工件不动，让刀具移动，将刀具中心对正孔中心，并使刀具转动（主运动），即镗刀旋转为主运动，镗刀或工件的移动为进给运动。它的加工精度和表面质量要高于钻床。镗床是大型箱体零件加工的主要设备。T68 镗床的外形如图 8 - 2 所示。

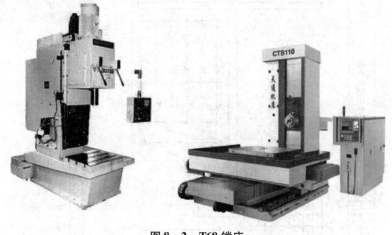

图 8 - 2　T68 镗床

一、镗床的分类

镗床分为卧式镗床、落地镗床、金刚镗床和坐标镗床等类型。

（1）卧式镗床：应用最多、性能最广的一种镗床，适用于单件小批生产和修理车间。

（2）落地镗床：特点是工件固定在落地平台上，适宜于加工尺寸和重量较大的工件，用于重型机械制造厂。

（3）金刚镗床：使用金刚石或硬质合金刀具，以很小的进给量和很高的切削速度镗削精度较高、表面粗糙度较小的孔，主要用于大批量生产中。

（4）坐标镗床：具有精密的坐标定位装置，适于加工形状、尺寸和孔距精度要求都很高的孔，还可用以进行划线、坐标测量和刻度等工作，用于工具车间和中小批量生产中。其他类型的镗床还有立式转塔镗铣床、深孔镗床和汽车、拖拉机修理用镗床等。

二、镗床的结构

卧式镗床应用最为广泛，现以卧式镗床为例讲述镗床的结构，如图8-3所示。

图8-3　卧式镗床的结构

1—后立柱；2—尾架；3—下滑座；4—上滑座；5—工作台；
6—平旋盘；7—主轴；8—前立柱；9—主轴箱

卧式镗床主要由前后立柱、主轴箱、主轴、平旋盘、工作台、上下滑座、尾架和床身等组成。在主轴箱中，装有主轴部件、主运动和进给运动变速机构及操纵机构。

8.1.2　T68镗床的运动控制

根据加工情况不同，刀具可以装在镗杆上或平旋盘上。T68镗床的主运动为镗杆或平旋盘的旋转运动，而轴向移动完成进给运动；装在后立柱上的后支架用于支撑悬伸长度较大的镗杆的悬伸端，以增加刚性。后支架可沿后立柱上的导轨与主轴箱同步升降，以保持镗杆不同长度的需要。

工件安装在工作台上，可与工作台一起随下滑座或上滑座做向或横向移动。工作台还可绕上滑座的圆导轨在水平平面内转位，以便加工互相成一定角度的平面或孔。当刀具装在平旋盘的径向刀架上时，径向刀架带着刀具做径向进给，以车削端面。

8.1.3　T68镗床主轴电动机电气原理图的识读

图8-4所示为镗床主轴电动机电气原理图，主电路在2～3号线路，控制电路在7～16号线路。其中，7～8号线路控制主轴电动机的正转；9～11号线路控制主轴电动机的反转；12～16号线路控制主轴电动机的低速与高速运行。

一、主轴电动机正反转

1）主轴电动机的正反转控制

按下正转启动按钮SB3，接触器KM1线圈得电吸合，主触头闭合（此时开关SQ2已闭合），KM1的常开触头（8区和13区）闭合，接触器KM3线圈获电吸合，接触器主触头闭合，制动电磁铁YB得电松开（指示灯亮），电动机M1接成三角形正向启动；反转时只需按下反转启动按钮SB2，动作原理同上，所不同的是接触器KM2获电吸合。

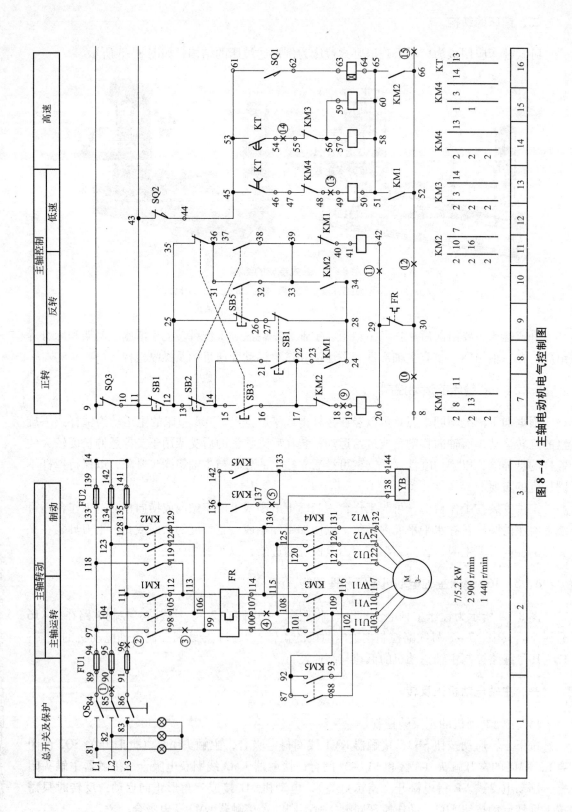

图 8－4　主轴电动机电气控制图

216

2）主轴电动机 M1 的点动控制

按下正向点动按钮 SB4，接触器 KM1 线圈获电吸合，KM1 常开触头（8 区和 13 区）闭合，接触器 KM3 线圈获电吸合。而不同于正转的是按钮 SB4 的常闭触头切断了接触器 KM1 的自锁，只能点动。这样 KM1 和 KM3 的主触头闭合便使电动机 M1 接成三角形点动。同理，按下反向点动按钮 SB5，接触器 KM2 和 KM3 线圈获电吸合，M1 反向点动。

3）主轴电动机 M1 的停车制动

当电动机处于正转运转时，按下停止按钮 SB1，接触器 KM1 线圈断电释放，KM1 的常开触头（8 区和 13 区）复位，KM3 断电，制动电磁铁 YB 因失电而制动，电动机 M1 制动停车。同理，反转制动只需按下制动按钮 SB1，动作原理同上，所不同的是接触器 KM2 反转制动停车。

二、主轴电动机低速与高速运行

1）双速电动机

双速电动机属于异步电动机的变极调速，是通过改变定子绕组的连接方法来改变定子旋转磁场的磁极对数，从而改变电动机的转速的。

根据公式：$n = \dfrac{60f}{p}$，可知异步电动机的同步转速与磁极对数成反比，磁极对数增加一倍，同步转速下降至原转速的一半，电动机额定转速也将下降近似一半，所以改变磁极对数可以达到改变电动机转速的目的。这种调速方法是有级的，不能平滑调速，而且只适用于鼠笼式电动机。

图 8 - 5 所示为最常见的单绕组双速电动机，转速比等于磁极对数反比，如 2 极/4 极、4 级/8 极，从定子绕组 △ 接法变为 YY 接法，磁极对数从 $2p = 2$ 变为 $2p = 1$，转速比 = 1/2。

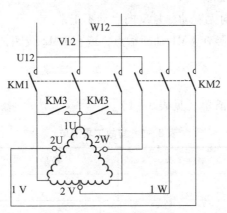

图 8 - 5　双速电动机的接法

2）主轴电动机 M1 的高、低速控制

若选择电动机 M1 在低速运行，可通过变速手柄使变速开关 SQ1（16 区）处于断开低速位置，相应的时间继电器 KT 线圈也断电，电动机 M1 只能由接触器 KM3 接成三角形连接低速运动。

如果需要电动机在高速运行，应首先通过变速手柄使变速开关 SQ1 压合接通处于高速位置，然后按正转启动按钮 SB3（或反转启动按钮 SB2），时间继电器 KT 线圈获电吸合。

由于 KT 两副触头延时动作，故 KM3 线圈先获电吸合，电动机 M1 接成三角形低速启动，以后 KT 的常闭触头（13 区）延时断开，KM3 线圈断电，KT 的常开触头（14 区）延时闭合，KM4、KM5 线圈获电吸合，电动机 M1 接成 YY 连接，以高速运行。

■ 任务实施

8.1.4 T68 镗床主轴电动机常见故障检测及排除

一、T68 镗床主轴电动机常见故障

1）主轴电动机 M1 不能启动。

主轴电动机 M1 是双速电动机，正、反转控制不可能同时损坏。熔断器 FU1、FU2、FU3 中的一个有熔断，自动快速进给、主轴进给操作手柄的位置不正确，压合 SQ2、SQ3 动作，热继电器 FR 动作，使电动机不能启动。

2）只有高速挡，没有低速挡。

接触器 KM3 损坏；接触器 KM5 动断触点损坏；时间继电器 KT 延时断开动断触点损坏。

3）只有低速挡，没有高速挡。

时间继电器 KT 的作用是控制主轴电动机从低速向高速转换。时间继电器 KT 不动作；或行程开关 SQ 安装的位置移动；SQ2 一直处于断的状态；接触器 KM5 损坏；KM4 动断触点损坏。

4）主轴电动机不能点动工作。

SB1 线至 SB4 或 SB5 线断路。

5）正向启动正常，反向无制动，且反向启动不正常。

若反向也不能启动，故障在 KM1 动断触点，或在 KM2 线圈，KM2 主触点接触不良。

二、T68 镗床故障检测

步骤一：列出排故工具清单（见表 8 – 1）

表 8 – 1　排故工具清单

序号	器件名称	数量	规格
1			
2			
3			
4			

步骤二：T68 镗床维修工作表

T68 镗床维修工作表见表 8 – 2。

表 8 – 2 T68 镗床维修工作表

工位号	
工作任务	T68 镗床电气线路故障检测与排除
工作时间	自___时___分至___时___分
工作条件	观察故障现象和排除故障后试机通电；检测及排故过程停电
工作许可人签名	
维修要求	1. 在工作许可人签名后方可进行检修； 2. 对电气线路进行检测，确定线路的故障点，排除、调试并填写下列表格； 3. 严格遵守电工操作安全规程； 4. 不得擅自改变原线路接线，不得更改电路和元件位置； 5. 完成检修后能恢复该铣床各项功能
故障现象描述	
故障检测和排除过程	
故障点描述	

■ 检查评估

8.1.5 T68 镗床排故项目评分标准

T68 镗床排故项目评分标准见表 8 – 3。

表 8-3 T68 镗床排故项目评分标准

项目内容	分值	评分标准	扣分	得分
故障分析	30 分	排除故障前不进行调查研究扣 5 分； 检修思路不正确扣 5 分； 标不出故障点、线或标错位置，每个故障点扣 10 分		
检修故障	60 分	切断电源后不验电扣 5 分； 使用仪表和工具不正确，每次扣 5 分； 检查故障的方法不正确扣 10 分； 查出故障不会排除，每个故障扣 20 分； 检修中扩大检修范围扣 10 分； 少查出故障，每个扣 20 分； 损坏电气元件扣 30 分； 检修中或检修后试车操作不正确，每次扣 5 分		
安全规范	10 分	防护用品穿戴不齐全扣 5 分； 检修结束后未恢复原状扣 5 分； 检修中丢失零件扣 5 分； 出现短路或触电扣 10 分		
工时		检查故障超时，每超时 5 分钟扣 5 分，最多可延长 20 分钟		
合计	100 分			

■ 总结回顾

本任务中主要向同学们介绍了 T68 镗床主轴的电气原理图。

（1）T68 镗床主要由底座、床身、悬梁、刀杆支架、工作台、回旋盘、溜板箱和升降台等部分组成。

（2）双速电动机是通过改变定子绕组的连接方法来改变定子旋转磁场的磁极对数，从而改变电动机动的转速的。

（3）镗床主轴电动机电气原理图，主电路在 2~3 号线路，控制电路在 7~16 号线路。其中，7~8 号线路控制主轴电动机的正转；9~11 号线路控制主轴电动机的反转；12~16 号线路控制主轴电动机的低速与高速运行。

■ 课后习题

8-1-1 T68镗床的主要运动是什么？

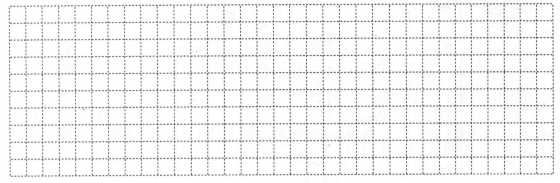

8-1-2 T68镗床主轴电动机的主电路和控制电路分别在几号线路？

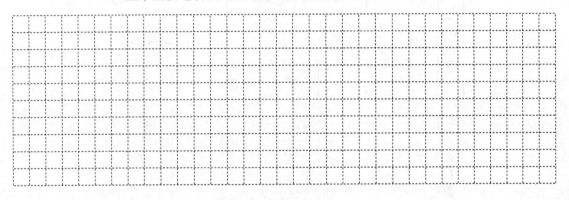

8-1-3 T68镗床主轴电动机的常见故障有哪些？

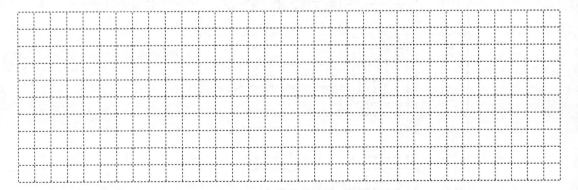

✿ 任务8.2 T68镗床快速移动电动机故障检测

■ 任务导入

请分析T68镗床快速移动电动机的控制过程，并根据图纸进行排故，如图8-6所示。

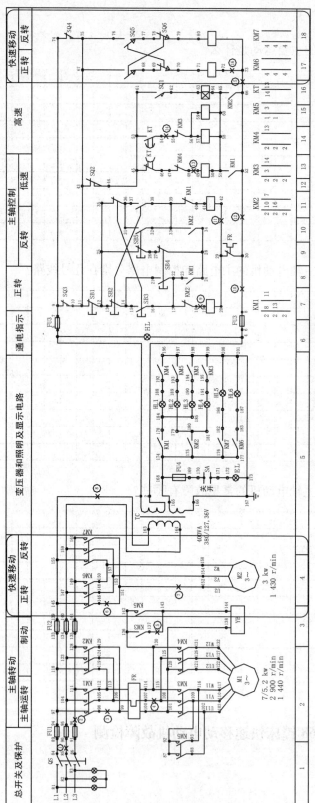

图 8-6 T68 镗床快速移动电动机电气图

■ 任务分解

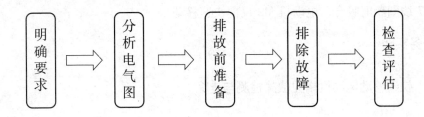

■ 资讯

8.2.1　T68 镗床快速移动电动机电气原理图分析

快速移动电动机电气原理图如图 8 – 7 所示。

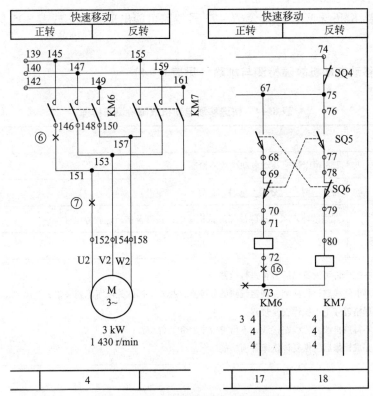

图 8 – 7　快速移动电动机电气原理图

　　主轴的轴向进给、主轴箱（包括尾架）的垂直进给、工件台的纵向和横向进给等的快速移动，是由电动机 M2 通过齿轮和齿条等来完成的。

　　快速移动电动机主电路在 4 号线路，控制电路在 17 ~ 18 号线路，主电路与控制电路的组合如图 8 – 5 所示。主电路由接触器 KM6 和 KM7 控制，KM6 控制电动机的正转，KM7 控制电路的反转。

　　快速移动电动机的工作过程如下：

将快速手柄扳到正向快速位置时，压合行程开关 SQ6，接触器 KM6 线圈获电吸合，电动机 M2 正转启动，实现快速正向移动。将快速手柄扳到反向快速位置时，行程开关 SQ5 被压合，KM7 线圈获电吸合，电动机 M2 反向快速移动。

■ 任务实施

8.2.2 快速移动电动机常见故障检测与排除

一、快速移动电动机常见故障

（1）快速移动电动机，无论正反转均失效。

如果接触器 KM6 和 KM7 没有吸合，那么控制线路中的主干电路出现断路，如 66～73 号线路出现断路，或者 SQ4 或 SQ3 未处于闭合状态。

（2）快速移动电动机正转不能启动。

如果接触器 KM6 未吸合，那么 67～73 号线路可能出现断路，或者 SQ5 损坏，未处于闭合状态。

二、快速移动电动机故障检测与排除（见表 8 - 4）

表 8 - 4　快速移动电动机故障检测与排除

工位号	
工作任务	T68 镗床快速移动电动机故障检测
工作时间	自＿＿时＿＿分至＿＿时＿＿分
工作条件	观察故障现象和排除故障后试机通电；检测及排故过程停电
工作许可人签名	
维修要求	1. 在工作许可人签名后方可进行检修； 2. 对电气线路进行检测，确定线路的故障点，排除、调试并填写下列表格； 3. 严格遵守电工操作安全规程； 4. 不得擅自改变原线路接线，不得更改电路和元件位置； 5. 完成检修后能恢复该铣床各项功能
故障现象描述	
故障检测和排除过程	

故障点描述	

■ 检查评估

8.2.3　T68 镗床快速移动电动机排故项目评分标准

T68 镗床快速移动电动机排故项目评分标准见表 8 – 5。

表 8 – 5　T68 镗床快速移动电动机排故项目评分标准

项目内容	分值	评分标准	扣分	得分
故障分析	30 分	排除故障前不进行调查研究扣 5 分； 检修思路不正确扣 5 分； 标不出故障点、线或标错位置，每个故障点扣 10 分		
检修故障	60 分	切断电源后不验电扣 5 分； 使用仪表和工具不正确，每次扣 5 分； 检查故障的方法不正确扣 10 分； 查出故障不会排除，每个故障扣 20 分； 检修中扩大检修范围扣 10 分； 少查出故障，每个扣 20 分； 损坏电气元件扣 30 分； 检修中或检修后试车操作不正确，每次扣 5 分		
安全规范	10 分	防护用品穿戴不齐全扣 5 分； 检修结束后未恢复原状扣 5 分； 检修中丢失零件扣 5 分； 出现短路或触电扣 10 分		
工时		检查故障超时，每超时 5 分钟扣 5 分，最多可延长 20 分钟		
合计	100 分			

■ 总结回顾

本任务主要讲述了快速移动电动机电气原理图以及进给电动机常见故障的现象与检测。

（1）快速移动电动机主电路在 4 号线路，控制电路在 17～18 号线路。

（2）快速移动电动机常见的故障主要有正反转失效、正转不能启动等。

■ 课后习题

8－2－1　简述快速移动电动机的启动过程。

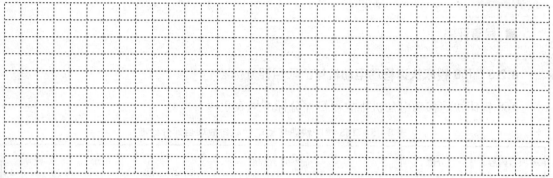

8－2－2　T68 镗床快速移动电动机的参数有哪些？

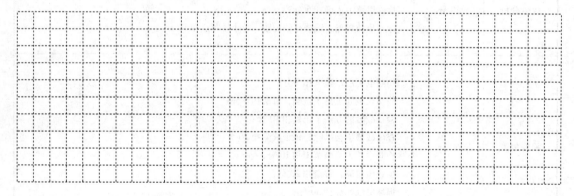

✹ 任务 8.3　T68 镗床电气故障检测

■ 任务导入

请分析 T68 镗床电气原理图，并根据图纸进行排故，如图 8－8 所示。

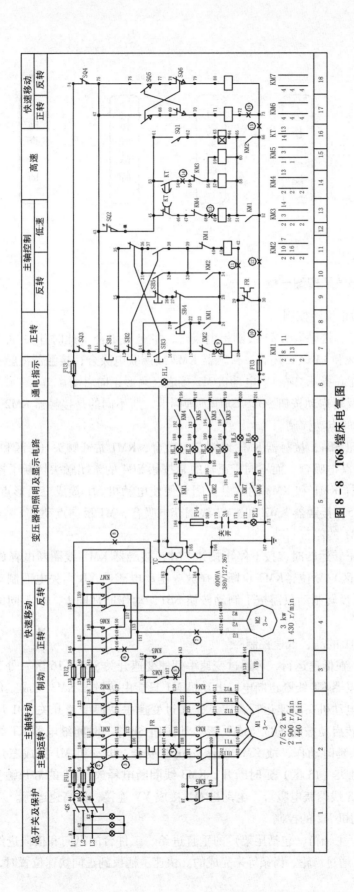

图 8 - 8　T68 镗床电气图

■ 任务分解

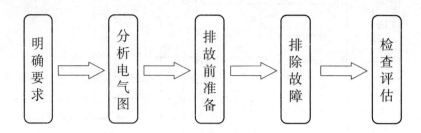

■ 资讯

8.3.1 T68 镗床电气原理图分析

1）主轴电动机的正反转控制

按下正转按钮 SB3，接触器 KM1 线圈得电吸合，主触头闭合（此时开关 SQ2 已闭合），KM1 的常开触头（8 区和 13 区）闭合，接触器 KM3 线圈获电吸合，接触器主触头闭合，制动电磁铁 YB 得电松开（指示灯亮），电动机 M1 接成三角形正向启动。

反转时只需按下反转启动按钮 SB2，动作原理同上，所不同的是接触器 KM2 获电吸合。

2）主轴电机 M1 的点动控制

按下正向点动按钮 SB4，接触器 KM1 线圈获电吸合，KM1 常开触头（8 区和 13 区）闭合，接触器 KM3 线圈获电吸合。而不同于正转的是按钮 SB4 的常闭触头切断了接触器 KM1 的自锁只能点动。这样 KM1 和 KM3 的主触头闭合便使电动机 M1 接成三角形点动。同理，按下反向点动按钮 SB5，接触器 KM2 和 KM3 线圈获电吸合，M1 反向点动。

3）主轴电动机 M1 的停车制动

当电动机正处于正转运转时，按下停止按钮 SB1，接触器 KM1 线圈断电释放，KM1 的常开触头（8 区和 13 区）复位，KM3 也断电释放。制动电磁铁 YB 因失电而制动，电动机 M1 制动停车。同理，反转制动只需按下制动按钮 SB1，动作原理同上。所不同的是接触器 KM2 反转制动停车。

4）主轴电动机 M1 的高、低速控制

若选择电动机 M1 在低速运行，可通过变速手柄使变速开关 SQ1（16 区）处于断开低速位置，相应的时间继电器 KT 线圈也断电，电动机 M1 只能由接触器 KM3 接成三角形连接而低速运动。如果需要电动机在高速运行，应首先通过变速手柄使变速开关 SQ1 压合接通于高速位置，然后按正转启动按钮 SB3（或反转启动按钮 SB2），时间继电器 KT 线圈获电吸合。由于 KT 两副触头延时动作，故 KM3 线圈先获电吸合，电动机 M1 接成三角形低速启动，以后 KT 的常闭触头（13 区）延时断开，KM3 线圈断电释放，KT 的常开触头（14 区）延时闭合，KM4、KM5 线圈获电吸合，电动机 M1 接成 YY 连接，以高速运行。

5）快速移动电动机 M2 的控制

主轴的轴向进给、主轴箱（包括尾架）的垂直进给、工件台的纵向和横向进给等的快速移动，是由电动机 M2 通过齿轮、齿条等来完成的。快速手柄扳到正向快速位置时，压合行程开关 SQ6，接触器 KM6 线圈获电吸合，电动机 M2 正转启动，实现快速正向移动。将快速手柄扳到反向快速位置时，行程开关 SQ5 被压合，KM7 线圈获电吸合，电动机 M2 反向快速移动。

6）联锁保护

为了防止工作台或主轴箱自动快速进给时又将主轴进给手柄扳到自动快速进给的误操作，就采用了与工作台和主轴箱进给手柄有机械连接的行程开关 SQ3。当上述手柄扳到工作台（或主轴箱）自动快速进给的位置时，SQ3 被压断开。同样，在主轴箱上还装有另一个行程开关 SQ4，它与主轴进给手柄有机械连接，当这个手柄动作时，SQ4 也受压断开。电动机 M1 和 M2 必须在行程开关 SQ3 和 SQ4 中有一个处于闭合状态才可以启动。如果工作台（或主轴箱）在自动进给（此时 SQ3 断开），再将主轴进给手柄扳到自动进给位置（SQ4 也断开），那么电动机 M1 和 M2 便都自动停车，从而达到联锁保护的目的。

8.3.2 T68 镗床常见故障分析

（1）085～090 间断路，所有电动机缺相，控制回路失效。

（2）096～111 间断路，主轴电动机及工作台进给电动机无论正反转均缺相，控制回路正常。

（3）098～099 间断路，主轴正转缺一相。

（4）107～108 间断路，主轴正、反转均缺一相。

（5）137～143 间断路，主轴电动机低速运转，制动电磁铁 YB 不能动作。

（6）146～151 间断路，进给电动机正转时缺一相。

（7）151～152 间断路，进给电动机无论正反转均缺一相。

（8）155～163 间断路，控制变压器缺一相，控制回路及照明回路均没电。

（9）018～019 间断路，主轴电动机正转点动与启动均失效。

（10）008～030 间断路，控制回路全部失效。

（11）029～042 间断路，主轴电动机反转点动与启动均失效。。

（12）030～052 间断路，主轴电动机的高低速运行及快速移动电动机的快速移动均不可启动。

（13）048～049 间断路，主轴电动机的低速不能启动，高速时无低速的过渡。

（14）054～055 间断路，主轴电动机的高速运行失效。

（15）066～073 间断路，快速移动电动机，无论正反转均失效。

（16）072～073 间断路，快速移动电动机正转不能启动。

■ 任务实施

8.3.3 T68 镗床常见故障检测与排除

T68 镗床常见故障检测与排除见表 8-6。

表 8-6　T68 镗床常见故障检测与排除

工位号	
工作任务	T68 镗床电气线路故障检测与排除
工作时间	自___时___分至___时___分

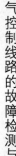

工作条件	观察故障现象和排除故障后试机通电；检测及排故过程停电
工作许可人签名	

维修要求	1. 在工作许可人签名后方可进行检修； 2. 对电气线路进行检测，确定线路的故障点，排除、调试并填写下列表格； 3. 严格遵守电工操作安全规程； 4. 不得擅自改变原线路接线，不得更改电路和元件位置； 5. 完成检修后能恢复该铣床各项功能
故障现象描述	
故障检测和排除过程	
故障点描述	

■ **检查评估**

8.3.4　T68 镗床排故项目评分标准

T68 镗床排故项目评分标准见表 8 – 7。

表 8 – 7　T68 镗床排故项目评分标准

项目内容	分值	评分标准	扣分	得分
故障分析	30 分	排除故障前不进行调查研究扣 5 分； 检修思路不正确扣 5 分； 标不出故障点、线或标错位置，每个故障点扣 10 分		

项目内容	分值	评分标准	扣分	得分
检修故障	60 分	切断电源后不验电扣 5 分； 使用仪表和工具不正确，每次扣 5 分； 检查故障的方法不正确扣 10 分； 查出故障不会排除，每个故障扣 20 分； 检修中扩大检修范围扣 10 分； 少查出故障，每个扣 20 分； 损坏电气元件扣 30 分； 检修中或检修后试车操作不正确，每次扣 5 分		
安全规范	10 分	防护用品穿戴不齐全扣 5 分； 检修结束后未恢复原状扣 5 分； 检修中丢失零件扣 5 分； 出现短路或触电扣 10 分		
工时		检查故障超时，每超时 5 分钟扣 5 分，最多可延长 20 分钟		
合计	100 分			

■ 总结回顾

本任务结合 T68 镗床电气原理图，全面分析了镗床主轴电动机、进给电动机快速移动以及联锁问题等，分析了铣床电气常见故障现象及故障点。

■ 课后习题

8 - 3 - 1　T68 型卧式镗床与 X62W 型铣床的变速冲动有什么不同？T68 型卧式镗床在进给时能否变速？

8-3-2　双速电动机高速运行时通常先低速启动然后转入高速运行，为什么？

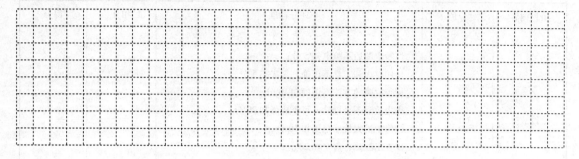

8-3-3　T68 型卧式镗床能低速启动，但不能高速运行，试分析故障的原因。

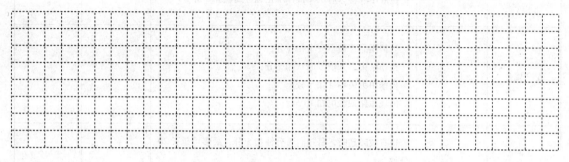

项目 9

M7120 平面磨床控制线路的故障检测

✓ 项目介绍

磨床是利用磨具对工件表面进行磨削加工的机床。大多数的磨床是使用高速旋转的砂轮进行磨削加工，少数的是使用油石、砂带等其他磨具和游离磨料进行加工。那么，本项目将带你认识磨床，掌握磨床的基本电气故障排除技巧，熟练掌握典型 M7120 磨床电气控制及故障排除技巧。

✓ 学有所获

■ 知识目标

（1）了解 M7120 磨床的组成。
（2）了解 M7120 磨床的运动控制。
（3）熟练掌握机床电气原理图的识读技巧。

■ 能力目标

（1）能对 M7120 磨床电气原理图进行分析。
（2）能对 M7120 磨床砂轮电动机、电磁吸盘控制的电气故障进行排除。
（3）学会 M7120 磨床电气常见故障的排除方法。

❀ 任务 9.1 M7120 磨床砂轮电动机常见故障检测

■ 任务导入

请分析 M7120 磨床砂轮电动机控制过程，并根据图纸进行排故，如图 9-1 所示。

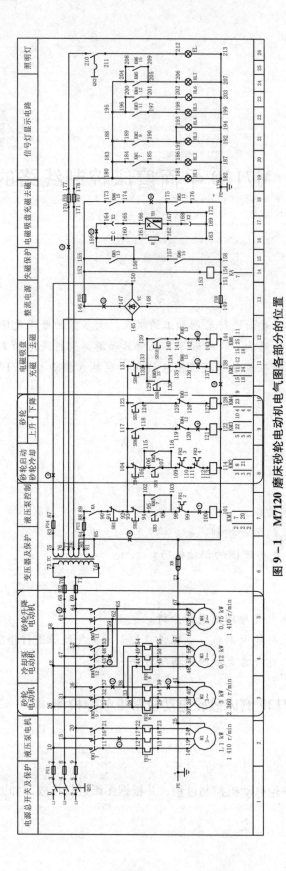

图 9-1 M7120 磨床砂轮电动机电气图各部分的位置

■ 任务分解

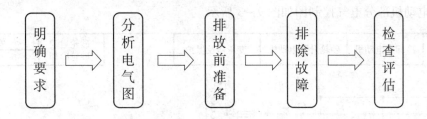

```
┌──────┐      ┌──────┐      ┌──────┐      ┌──────┐      ┌──────┐
│ 明确 │ ==>  │ 分析 │ ==>  │ 排故 │ ==>  │ 排除 │ ==>  │ 检查 │
│ 要求 │      │ 电气 │      │ 前准 │      │ 故障 │      │ 评估 │
│      │      │ 图   │      │ 备   │      │      │      │      │
└──────┘      └──────┘      └──────┘      └──────┘      └──────┘
```

■ 资讯

9.1.1　M7120 平面磨床的组成

M7120 平面磨床的外形如图 9-2 所示。在床身中装有液压传动装置，工作台通过活塞杆由液压驱动做往复运动，床身导轨由自动润滑装置进行润滑。工作台表面有 T 型槽，用以固定电磁吸盘，再用电磁吸盘来吸持加工工件。工作台往复运动的行程长度可通过调节装在工作台正面槽中换向撞块的位置来改变。换向撞块是通过碰撞工作台往复运动换向手柄来改变油路方向，以实现工作台往复运动的。

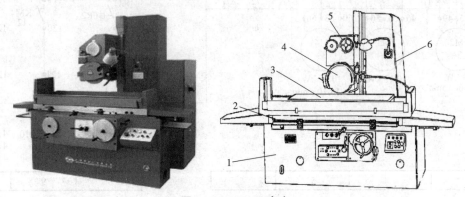

图 9-2　M7120 磨床

1—床身；2—工作台；3—电磁吸盘；4—砂轮箱；5—滑座；6—立柱

在床身上固定有立柱，沿立柱的导轨上装有滑座，砂轮箱能沿滑座的水平导轨做横向移动。砂轮轴由装入式砂轮电动机直接拖动。在滑座内部也装有液压传动机构。

滑座可在立柱导轨上做上下垂直移动，并可由垂直进刀手轮操作。砂轮箱的水平轴向移动可由横向移动手轮操作，也可由液压传动做连续或间断横向移动，连续移动用于调节砂轮位置或整修砂轮，间断移动用于进给。

9.1.2　M7120 平面磨床的运动控制

卧轴矩台平面磨床的主运动是砂轮的旋转运动，进给运动有垂直进给，即滑座在立柱上的上下运动；横向进给，即砂轮箱在滑座上的水平运动；纵向进给，即工作台沿床身的往复运动。工作台每完成一次往复运动，砂轮箱便做一次间断性的横向进给；当加工完成整个平面后，砂轮箱做一次间断性垂直进给。

9.1.3　M7120 平面磨床砂轮部分电气原理图的识读

砂轮电动机部分电气控制图如图 9 – 3 所示。

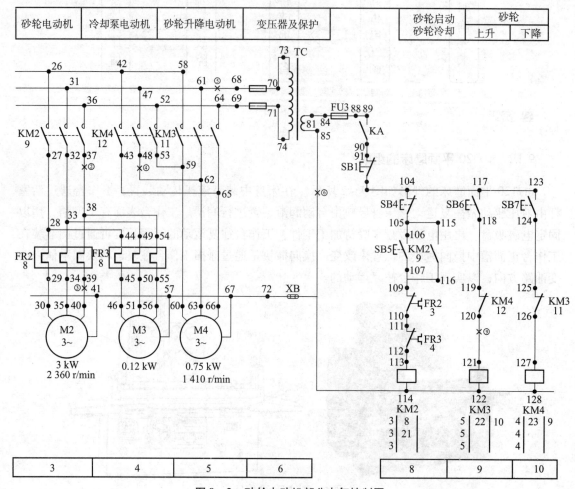

图 9 – 3　砂轮电动机部分电气控制图

在 M7120 磨床电气原理图中，砂轮部分电动机的电气控制图主电路在 3 ~ 5 号线路，控制电路在 8 ~ 10 号线路。

一、砂轮电动机、冷却泵电动机的启动

砂轮电动机的启动控制主电路在 3 号线路、控制电路在 8 号线路，按下按钮 SB5，KM2 线圈得电，3 号线路中 KM2 主触点闭合，M2 电动机启动；冷却泵电动机也是由 KM2 线圈控制的，当按下按钮 SB5 时，M3 电动机也同时启动。

二、砂轮升降电动机

砂轮升降电动机主电路在 4 ~ 5 号线路，由 KM4 和 KM3 接触器控制；控制电路在 9 ~ 10 号线路中。

当按下点动按钮 SB6 时，接触器 KM3 线圈得电，5 号线路中 KM3 主触点闭合，M4 电动机正转，砂轮电动机上升。

当按下点动按钮 SB7 时，接触器 KM4 线圈得电，4 号线路中 KM4 主触点闭合，M4 电动机反转，砂轮电动机下降。

■ 任务实施

9.1.4　M7120 平面磨床砂轮电动机故障检测

二、M7120 平面磨床砂轮电动机常见故障

（1）砂轮电动机缺相：砂轮电动机主电路某一相线断路。

（2）砂轮下降电动机缺相：砂轮下降电动机 M4 主电路相线缺相。

（3）砂轮上升电动机失效：如果主电路控制正常，控制电路接触器 KM3 不吸合，则控制电路出现断路。

二、M7120 平面磨床砂轮电机故障检测

步骤一：列出排故工具清单（见表 9 – 1）

表 9 – 1　排故工具清单

序号	器件名称	数量	规格
1			
2			
3			
4			

步骤二：M7120 平面磨床砂轮电动机维修工作票（见表 9 – 2）

表 9 – 2　M7120 平面磨床砂轮电动机维修工作票

工位号	
工作任务	M7120 平面磨床砂轮电机电气线路故障检测与排除
工作时间	自＿＿＿时＿＿＿分至＿＿＿时＿＿＿分
工作条件	观察故障现象和排除故障后试机通电；检测及排故过程停电
工作许可人签名	
维 修 要 求	1. 在工作许可人签名后方可进行检修； 2. 对电气线路进行检测，确定线路的故障点，排除、调试并填写下列表格； 3. 严格遵守电工操作安全规程； 4. 不得擅自改变原线路接线，不得更改电路和元件位置； 5. 完成检修后能恢复该铣床各项功能

故障现象描述	
故障检测和排除过程	
故障点描述	

■ 检查评估

9.1.5　M7120 平面磨床砂轮电动机排故项目评分标准

M7120 平面磨床砂轮电动机排故项目评分标准见表 9 – 3。

表 9 – 3　M7120 平面磨床砂轮电动机排故项目评分标准

项目内容	分值	评分标准	扣分	得分
故障分析	30 分	排除故障前不进行调查研究扣 5 分； 检修思路不正确扣 5 分； 标不出故障点、线或标错位置，每个故障点扣 10 分		
检修故障	60 分	切断电源后不验电扣 5 分； 使用仪表和工具不正确，每次扣 5 分； 检查故障的方法不正确扣 10 分； 查出故障不会排除，每个故障扣 20 分； 检修中扩大检修范围扣 10 分； 少查出故障，每个扣 20 分； 损坏电气元件扣 30 分； 检修中或检修后试车操作不正确，每次扣 5 分		
安全规范	10 分	防护用品穿戴不齐全扣 5 分； 检修结束后未恢复原状扣 5 分； 检修中丢失零件扣 5 分； 出现短路或触电扣 10 分		
工时		检查故障超时，每超时 5 分钟扣 5 分，最多可延长 20 分钟		
合计	100 分			

■ 总结回顾

本任务主要向同学们介绍了 M7120 磨床砂轮电动机部分电气控制。

（1）M7120 磨床主要由床身、立柱、砂轮箱、工作台、电磁吸盘等部分组成。

（2）卧轴矩台平面磨床的主运动是砂轮的旋转运动。进给运动有垂直进给，即滑座在立柱上的上下运动；横向进给，即砂轮箱在滑座上的水平运动；纵向进给，即工作台沿床身的往复运动。

在 M7120 磨床电气原理图中，砂轮部分电动机的电气控制图主电路在 3 ~ 5 号线路，控制电路在 8 ~ 10 号线路。

■ 课后习题

9 - 1 - 1　M7120 磨床的主要运动是什么？

9 - 1 - 2　M7120 磨床砂轮电动机的主电路和控制电路分别在几号线路？

9 - 1 - 3　M7120 磨床砂轮电动机常见的故障有哪些？

❀ **任务 9.2　M7120 磨床电磁吸盘控制故障检测**

■ 任务导入

请分析 M7120 磨床电磁吸盘部分控制过程，并根据图纸进行排故，如图 9 - 4 所示。

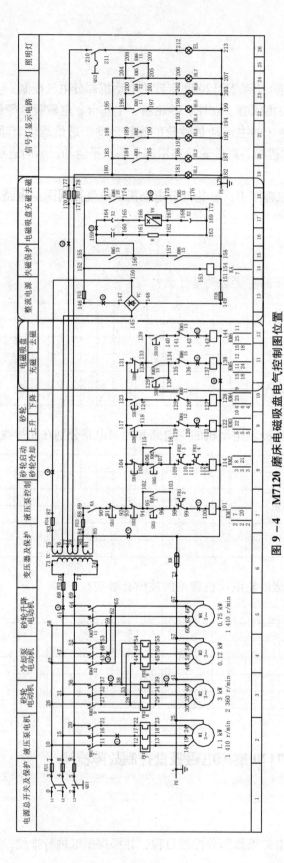

图 9 - 4 M7120 磨床电磁吸盘电气控制图位置

■ 任务分解

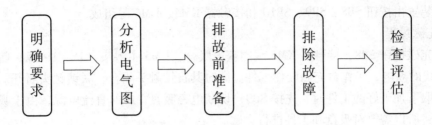

明确要求 ⟹ 分析电气图 ⟹ 排故前准备 ⟹ 排除故障 ⟹ 检查评估

■ 资讯

9.2.1　M7120 平面磨床电磁吸盘部分电气原理图的识读

快速移动电动机电气原理图如图 9 – 5 所示。

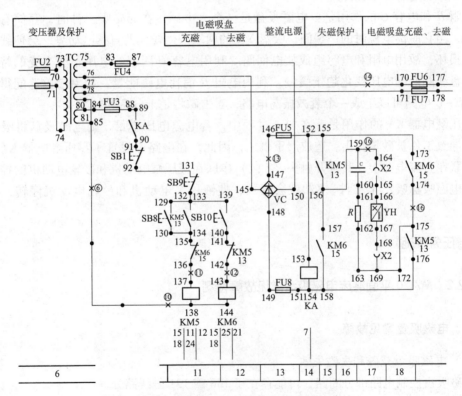

图 9 – 5　快速移动电动机电气原理图

电磁吸盘控制充磁和去磁的控制电路在 11 ~ 12 号线路，执行线路为 13 ~ 18 号线路。充磁线路在 11 号线路，由接触器 KM5 控制；去磁线路在 12 号线路，由 KM6 控制。

电磁吸盘是固定加工工件的一种夹具。利用通电导体在铁芯中产生的磁场吸牢铁磁材料的工件，以便加工。它与机械夹具比较，具有夹紧迅速、不损伤工件、一次能吸牢若干个小工件，以及工件发热可以自由伸缩等优点。因而电磁吸盘在平面磨床上用得十分广泛。

电磁吸盘的控制电路包括整流装置、控制装置和保护装置三个部分。

整流装置由变压器 TC 和单相桥式全波整流器 VC 组成，供给 120 V 直流电源。

控制装置由按钮 SB8、SB9、SB10 和接触器 KM5、KM6 等组成。

1）充磁过程

按下充磁按钮 SB8，接触器 KM5 线圈获电吸合，KM5 主触头（15、18 区）闭合，电磁吸盘 YH 线圈获电，工作台充磁吸住工件。同时其自锁触头闭合，联锁触头断开。磨削加工完毕，在取下加工好的工件时，先按 SB9，切断电磁吸盘 YH 的直流电源，由于吸盘和工件都有剩磁，所以需要对吸盘和工件进行去磁。

2）去磁过程

按下点动按钮 SB10，接触器 KM6 线圈获电吸合，KM6 的两对主触头（15、18 区）闭合，电磁吸盘通入反相直流电，使工作台和工件去磁。去磁时，为防止因时间过长使工作台反向磁化，再次吸住工件，因而接触器 KM6 采用点动控制。保护装置由放电电阻 R 和电容 C 以及零压继电器 KA 组成。

电阻 R 和电容 C 的作用是：电磁吸盘是一个大电感，在充磁吸工件时，存储有大量磁场能量，当它脱离电源时的一瞬间，吸盘 YH 的两端产生较大的自感电动势，会使线圈和其他电器损坏，故用电阻和电容组成放电回路。利用电容 C 两端的电压不能突变的特点，使电磁吸盘线圈两端电压变化趋于缓慢，利用电阻 R 消耗电磁能量，如果参数选配得当，此时 $R-L-C$ 电路可以组成一个衰减振荡电路，对去磁将是十分有利的。

零压继电器 KA 的作用是：在加工过程中，若电源电压不足，则电磁吸盘将吸不牢工件，会导致工件被砂轮打出，造成严重事故，因此，在电路中设置了零压继电器 KA，将其线圈并联在直流电源上，其常开触头（7 区）串联在液压泵电动机和砂轮电动机的控制电路中，若电磁吸盘吸不牢工件，KA 就会释放，使液压泵电动机和砂轮电动机停转，保证了安全。

■ 任务实施

9.2.2　M7120 平面磨床电磁吸盘常见故障检测

一、电磁吸盘常见故障

（1）电磁吸盘充磁和去磁失效。

电磁吸盘控制电路部分断路，可能存在于 138 或 131 号线路处。

（2）电磁吸盘不能充磁。

电磁吸盘的充磁控制电路断路，也有可能是电磁吸盘充磁电路出现断路。

（3）电磁吸盘不能去磁。

电磁吸盘的去磁控制电路断路，也有可能是电磁吸盘去磁电路出现断路。

（4）整流电路中无直流电，KA 继电器不动作。

13 号线路中整流桥输出端出现断路，或者 FU5 熔断器损坏，或者 KA 继电器出现断路。

二、电磁吸盘故障的检测与排除

电磁吸盘故障的检测与排除见表 9 - 4。

表 9 - 4　电磁吸盘故障的检测与排除

工位号	
工作任务	M7120 平面磨床电磁吸盘故障检测
工作时间	自____时____分至____时____分
工作条件	观察故障现象和排除故障后试机通电；检测及排故过程停电
工作许可人签名	
维修要求	1. 在工作许可人签名后方可进行检修； 2. 对电气线路进行检测，确定线路的故障点，排除、调试并填写下列表格； 3. 严格遵守电工操作安全规程； 4. 不得擅自改变原线路接线，不得更改电路和元件位置； 5. 完成检修后能恢复该铣床各项功能
故障现象描述	
故障检测和排除过程	
故障点描述	

■ 检查评估

9.2.3 M7120 平面磨床电磁吸盘排故项目评分标准

M7120 平面磨床电磁吸盘排故项目评分标准见表 9 – 5。

表 9 – 5　M7120 平面磨床电磁吸盘排故项目评分标准

项目内容	分值	评分标准	扣分	得分
故障分析	30 分	排除故障前不进行调查研究扣 5 分 检修思路不正确扣 5 分 标不出故障点、线或标错位置，每个故障点扣 10 分		
检修故障	60 分	切断电源后不验电扣 5 分 使用仪表和工具不正确，每次扣 5 分 检查故障的方法不正确扣 10 分 查出故障不会排除，每个故障扣 20 分 检修中扩大检修范围扣 10 分 少查出故障，每个扣 20 分 损坏电气元件扣 30 分 检修中或检修后试车操作不正确，每次扣 5 分		
安全规范	10 分	防护用品穿戴不齐全扣 5 分 检修结束后未恢复原状扣 5 分 检修中丢失零件扣 5 分 出现短路或触电扣 10 分		
工时		检查故障超时，每超时 5 分钟扣 5 分，最多可延长 20 分钟		
合计	100 分			

■ 总结回顾

本任务主要讲述了 M7120 平面磨床电磁吸盘的电气原理图以及常见故障的现象与检测。

（1）进给电动机主电路在 3 号和 4 号线路，控制电路在 14 ~ 18 号线路。

（2）电磁吸盘控制充磁和去磁控制电路在 11 ~ 12 号线路，执行线路为 13 ~ 18 号线路。充磁线路在 11 号线路，由接触器 KM5 控制；去磁线路在 12 号线路，由 KM6 控制。

（3）电磁吸盘的控制电路包括整流装置、控制装置和保护装置三个部分。

■ 课后习题

9-2-1 M7120平面磨床的工件夹紧是通过电磁吸盘来实现的，这种说法对吗？

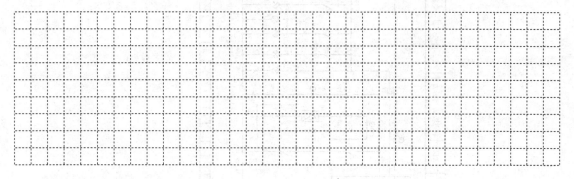

9-2-2 整流装置的作用是什么？

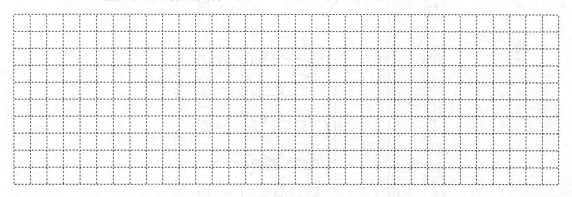

9-2-3 机床设备控制电路常采用哪些保护措施？

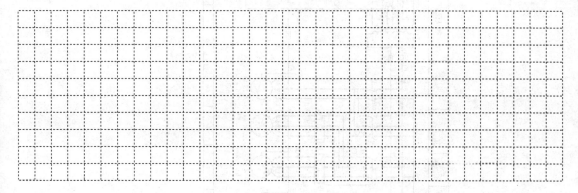

✳ **任务9.3　M7120平面磨床电气故障检测**

■ **任务导入**

请分析M7120平面磨床电气原理图，并根据图纸进行排故，如图9-6所示。

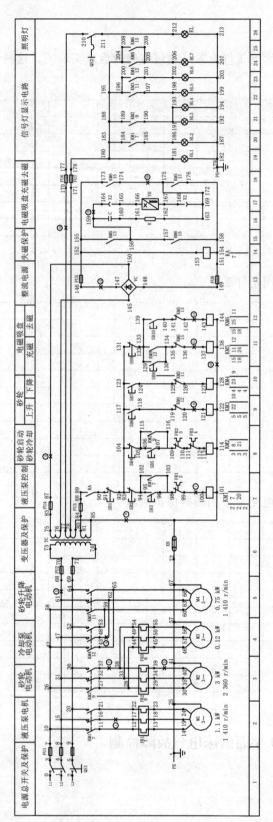

图 9-6　M7120 平面磨床电气图

■ 任务分解

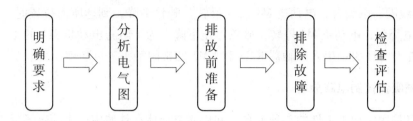

■ 资讯

9.3.1　M7120 平面磨床电气原理图分析

M7120 型平面磨床的电气控制线路可分为主电路、控制电路、电磁工作台控制电路及照明与指示灯电路四部分。

一、主电路分析

主电路中共有四台电动机，其中 M1 为液压泵电动机，实现工作台的往复运动；M2 为砂轮电动机，带动砂轮转动来完成磨削加工工件；M3 为冷却泵电动机。它们只要求单向旋转，分别用接触器 KM1、KM2 控制。冷却泵电动机 M3 只是在砂轮电动机 M2 运转后才能运转。M4 是砂轮升降电动机，用于磨削过程中调整砂轮和工件之间的位置。M1、M2、M3 是长期工作的，所以都装有过载保护。M4 是短期工作的，不设过载保护。四台电动机共用一组熔断器 FU1 作短路保护。

二、控制电路分析

1）液压泵电动机 M1 的控制

合上总开关 QS1 后，整流变压器一个副边输出 130 V 交流电压，经桥式整流器 VC 整流后得到直流电压，使电压继电器 KA 获电动作，其常开触头（7 区）闭合，为启动电动机做好准备。如果 KA 不能可靠动作，则各电动机均无法运行。因为平面磨床的工件靠直流电磁吸盘的吸力将工件吸牢在工作台上，只有具备可靠的直流电压后，才允许启动砂轮和液压系统，以保证安全。当 KA 吸合后，按下启动按钮 SB3，接触器 KM1 通电吸合并自锁，工作台电动机 M1 启动运转，HL2 灯亮。若按下停止按钮 SB2，接触器 KM1 线圈断电释放，电动机 M1 断电停转。

2）砂轮电动机 M2 及冷却泵电动机 M3 的控制

按下启动按钮 SB5，接触器 KM2 线圈获电动作，砂轮电动机 M2 启动运转。由于冷却泵电动机 M3 与 M2 联动控制，所以 M3 与 M2 同时启动运转。按下停止按钮 SB4 时，接触器 KM3 线圈断电释放，M2 与 M3 同时断电停转。两台电动机的热继电器 FR2 和 FR3 的常闭触头都串联在 KM2 中，只要有一台电动机过载，就使 KM2 失电。因冷却液循环使用，故经常混有污垢杂质，很容易引起电动机 M3 过载，故用热继电器 FR3 进行过载保护。

3）砂轮升降电动机 M4 的控制

砂轮升降电动机只有在调整工件和砂轮之间位置时使用，所以用点动控制。当按下点动

按钮 SB6 时，接触器 KM3 线圈获电吸合，电动机 M4 启动正转，砂轮上升，到达所需位置时，松开 SB6，KM3 线圈断电释放，电动机 M4 停转，砂轮停止上升。按下点动按钮 SB7，接触器 KM4 线圈获电吸合，电动机 M4 启动反转，砂轮下降，到达所需位置时，松开 SB7，KM4 线圈断电释放，电动机 M4 停转，砂轮停止下降。为了防止电动机 M4 的正、反转线路同时接通，在对方线路中串入接触器 KM4 和 KM3 的常闭触头进行联锁控制。

三、电磁吸盘控制电路分析

电磁吸盘是固定加工工件的一种夹具。利用通电导体在铁芯中产生的磁场吸牢铁磁材料的工件，以便加工。它与机械夹具相比，具有夹紧迅速、不损伤工件、一次能吸牢若干个小工件，以及工件发热可以自由伸缩等优点。因而电磁吸盘在平面磨床上得到广泛应用。

电磁吸盘的控制电路包括整流装置、控制装置和保护装置三个部分。

整流装置由变压器 TC 和单相桥式全波整流器 VC 组成，供给 120 V 直流电源。

控制装置由按钮 SB8、SB9、SB10 和接触器 KM5、KM6 等组成。

充磁过程如下：

按下充磁按钮 SB8，接触器 KM5 线圈获电吸合，KM5 主触头（15、18 区）闭合，电磁吸盘 YH 线圈获电，工作台充磁吸住工件，同时其自锁触头闭合，联锁触头断开。磨削加工完毕，在取下加工好的工件时，先按 SB9，切断电磁吸盘 YH 的直流电源，由于吸盘和工件都有剩磁，所以需要对吸盘和工件进行去磁。

去磁过程如下：

按下点动按钮 SB10，接触器 KM6 线圈获电吸合，KM6 的两对主触头（15、18 区）闭合，电磁吸盘通入反相直流电，使工作台和工件去磁。去磁时，为防止因时间过长使工作台反向磁化，再次吸住工件，因而接触器 KM6 采用点动控制。保护装置由放电电阻 R 和电容 C 以及零压继电器 KA 组成。

电阻 R 和电容 C 的作用是：电磁吸盘是一个大电感，在充磁吸工件时，存储有大量磁场能量，当它脱离电源的一瞬间，吸盘 YH 的两端产生较大的自感电动势，会使线圈和其他电器损坏，故用电阻和电容组成放电回路。利用电容 C 两端的电压不能突变的特点，使电磁吸盘线圈两端电压变化趋于缓慢，利用电阻 R 消耗电磁能量，如果参数选配得当，此时 $R-L-C$ 电路可以组成一个衰减振荡电路，对去磁将是十分有利的。

零压继电器 KA 的作用是：在加工过程中，若电源电压不足，则电磁吸盘将吸不牢工件，会导致工件被砂轮打出，造成严重事故，因此，在电路中设置了零压继电器 KA，将其线圈并联在直流电源上，其常开触头（7 区）串联在液压泵电动机和砂轮电动机的控制电路中，若电磁吸盘吸不牢工件，KA 就会释放，使液压泵电动机和砂轮电动机停转，保证了安全。

四、照明和指示灯电路分析

在 M7120 磨床电气原理图中，EL 为照明灯，其工作电压为 36 V，由变压器 TC 供给。QS2 为照明开关。HL1、HL2、HL3、HL4、HL5、HL6 和 HLL7 为指示灯，其工作电压为 6.3 V，也由变压器 TC 供给，指示灯的作用是：

（1）HL1 亮，表示控制电路的电源正常；不亮，表示电源有故障。

（2）HL2 亮，表示工作台电动机 M1 处于运转状态，工作台正在进行往复运动；不亮，表示 M1 停转。

（3）HL3、HL4 亮，表示砂轮电动机 M2 及冷却泵电动机 M3 处于运转状态；不亮，表示 M2、M3 停转。

（4）HL5 亮，表示砂轮升降电动机 M4 处于上升工作状态；不亮，表示 M4 停转。

（5）HL6 亮，表示砂轮升降电动机 M4 处于下降工作状态；不亮，表示 M4 停转。

（6）HL7 亮，表示电磁吸盘 YH 处于工作状态（充磁和去磁）；不亮，表示电磁吸盘未工作。

9.3.2 M7120 平面磨床常见故障分析

（1）085～090 间断路，所有电动机缺相，控制回路失效。

（2）096～111 间断路，主轴电动机及工作台进给电动机无论正反转均缺相，控制回路正常。

（3）098～099 间断路，主轴正转缺一相。

（4）107～108 间断路，主轴正、反转均缺一相。

（5）137～143 间断路，主轴电动机低速运转，制动电磁铁 YB 不能动作。

（6）146～151 间断路，进给电动机正转时缺一相。

（7）151～152 间断路，进给电动机无论正反转均缺一相。

（8）155～163 间断路，控制变压器缺一相，控制回路及照明回路均没电。

（9）018～019 间断路，主轴电动机正转点动与启动均失效。

（10）008～030 间断路，控制回路全部失效。

（11）029～042 间断路，主轴电动机反转点动与启动均失效。

（12）030～052 间断路，主轴电动机的高低速运行及快速移动电动机的快速移动均不可启动。

（13）048～049 间断路，主轴电动机的低速不能启动，高速时无低速的过渡。

（14）054～055 间断路，主轴电动机的高速运行失效。

（15）066～073 间断路，快速移动电动机，无论正反转均失效。

（16）072～073 间断路，快速移动电动机正转不能启动。

■ 任务实施

9.3.3 M7120 平面磨床常见故障检测与排除

M7120 平面磨床常见故障的检测与排除见表 9 - 6。

表 9 - 6　M7120 平面磨床常见故障的检测与排除

工位号	
工作任务	M7120 平面磨床电气线路故障检测与排除
工作时间	自____时____分至____时____分
工作条件	观察故障现象和排除故障后试机通电；检测及排故过程停电

续表

工作许可人签名	
维修要求	1. 在工作许可人签名后方可进行检修； 2. 对电气线路进行检测，确定线路的故障点，排除、调试并填写下列表格； 3. 严格遵守电工操作安全规程； 4. 不得擅自改变原线路接线，不得更改电路和元件位置； 5. 完成检修后能恢复该铣床各项功能
故障现象描述	
故障检测和排除过程	
故障点描述	

■ 检查评估

9.3.4　M7120 平面磨床排故项目评分标准

M7120 平面磨床排故项目评分标准见表 9 – 7。

表 9 – 7　M7120 平面磨床排故项目评分标准

项目内容	分值	评分标准	扣分	得分
故障分析	30 分	排除故障前不进行调查研究扣 5 分； 检修思路不正确扣 5 分； 标不出故障点、线或标错位置，每个故障点扣 10 分		

项目内容	分值	评分标准	扣分	得分
检修故障	60 分	切断电源后不验电扣 5 分； 使用仪表和工具不正确，每次扣 5 分； 检查故障的方法不正确扣 10 分； 查出故障不会排除，每个故障扣 20 分； 检修中扩大检修范围扣 10 分； 少查出故障，每个扣 20 分； 损坏电气元件扣 30 分； 检修中或检修后试车操作不正确，每次扣 5 分		
安全规范	10 分	防护用品穿戴不齐全扣 5 分； 检修结束后未恢复原状扣 5 分； 检修中丢失零件扣 5 分； 出现短路或触电扣 10 分		
工时		检查故障超时，每超时 5 分钟扣 5 分，最多可延长 20 分钟		
合计	100 分			

■ 总结回顾

本任务结合 M7120 平面磨床电气原理图，全面分析了磨床砂轮电动机、电磁吸盘控制、照明指示控制等电路，分析了磨床电气常见故障现象及故障点。

■ 课后习题

9-3-1 电磁吸盘部分的保护装置由哪几部分组成？

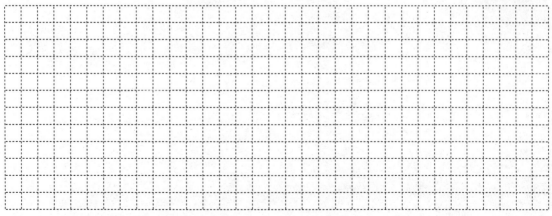

9-3-2　电磁吸盘控制电路由哪几部分组成？

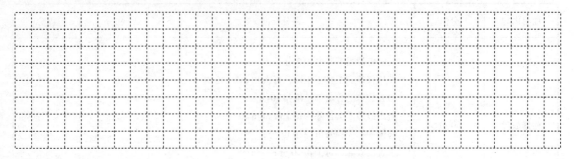

9-3-3　在砂轮升降控制线路中，为什么使用互锁？

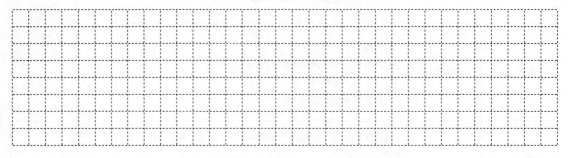

附　录

国家标准规定的电气符号

表1　常用限定符号

序号	符号	说明
1	——	直流
2	~	交流
3	3/N ~ 400/230 V 50 Hz	交流三相带中线 400 V，50 Hz
4	3/N ~ 50 Hz/TN－S	交流三相 50 Hz，具有一个直接接地点且中性线与保护导体分开的系统
5	+	正极
6	－	负极
7	q	接触器功能
8	×	断路器功能
9	－	隔离开关功能
10	○	负荷开关功能
11	■	由内装的测量继电器或脱扣器启动的自动释放功能
12	▽	位置开关功能
13	⊖→	开关的正常操作

表2　常用符号

符号	符号	说明
1	⏚	接地，一般符号
2	—	连线，连线组（导线、电线、电缆）
3	—⫻—	三根导线
4	ʒ	三根导线
5	—〜—	柔性连接

符号	符号	说明
6		屏蔽导线
7		绞合导线
8		电缆中的导线
9		五根导线，其中箭头指的两根在同一根电缆里
10	○	端子
11		端子板
12	形式一 ——|— 形式二 ——|——	导线的双重连接
13	—(	阴极触件，插座
14	■—	阳极触件，插头
15		接通的连接片
16		电阻，一般符号
17		电热元件
18	┤├	电容，一般符号
19	┤├	极性电容器
20	⌒⌒⌒	电感，线圈，绕组
21	⊗	电机的一般符号，×代表如下符号： G：发电机 GS：同步发电机 M：电动机 MS：同步电动机
22	Ⓜ	三相鼠笼式感应电动机
23	Ⓜ 3~	三相绕线式感应电动机
24		双绕组变压器

符号	符号	说明
25		星－三角连接的三相变压器
26		单相变压器组成的三相变压器；星形－三角形连接
27		三相变压器；星形－星形－三角形连接
28		自耦变压器
29		单相自耦变压器
30		三相自耦变压器，星形连接
31		电压互感器
32		整流器
33		桥式全波整流器
34		隔离开关
35		断路器

附录　国家标准规定的电气符号

符号	符号	说明
36		接触器主动合触点
37		接触器主动断触点
38		静态接触器
39		熔断器
40		熔断器（熔丝烧断后一段仍带电的用粗线表示）
41		动合触点
42		动断触点
43		先断后合的转换触点
44		中间断开的转换触点
45		先合后断的双向转换触点
46		延时闭合动合触点
47		延时断开动合触点
48		延时断开的动断触点

符号	符号	说明
49		延时闭合的动断触点
50		手动操作开关，一般符号
51		自动复位的手动按钮开关
52		无自动复位的手动旋钮开关
53		带动合触点的位置开关
54		带动断触点的位置开关
55		带动合触点的热敏开关
56		带动断触点的热敏开关
57		带动断触点的热敏自动开关
58		驱动器件，一般符号；继电器线圈，一般符号
59		缓慢释放继电器的线圈
60		缓慢吸合继电器的线圈
61		延时继电器线圈

符号	符号	说明
62		交流继电器线圈
63		机械保持电器的线圈
64		热继电器的驱动器件
65	—(V)—	电压表
66	—(Vat)—	无功功率表
67	—(Vat)—	功率因数表
68	—(n)—	转速表
69	w	记录式功率表
70	w | Vat	组合式记录功率表和无功功率表
71	wh →	带发送器电度表
72	vld	无功电度表
73	— ⋁ +	热电偶
74		时钟，一般符号

符号	符号	说明
75	⊗	信号灯
76	⊗	闪光型信号灯
77	⊓	音响信号装置，一般符号
78	⊔	蜂鸣器
79	⊖	机电型指示器，信号元件
80	—PE—	保护接地线
81		保护线和中性线共用线
82	⊥	插座，一般符号
83	Ⓜ	电动机
84	Ⓖ	发电机

附录

国家标准规定的电气符号

259

参考文献

［1］荆瑞红，周皓．电工电子技能训练［M］．北京：北京交通大学出版社，2010．

［2］杨静生，邢迎春．电工电子技术基础［M］．大连：大连理工大学出版社，2006．

［3］白广新．电工及电气测量技术实训教程［M］．北京：机械工业出版社，2007．

［4］张永飞．电工技能实训［M］．西安：西安电子科技大学出版社，2005．

［5］罗厚军．电工电子技术［M］．北京：机械工业出版社，2008．

［6］周元一．电机与电气控制［M］．北京：机械工业出版社，2006．

［7］张永飞．电工电子技能训练［M］．西安：西安电子科技大学出版社，2005．

［8］徐君贤．电工技术实训［M］．北京：机械工业出版社，2001．

［9］机械工业职业技能鉴定指导中心编．高级维修电工技术［M］．北京：机械工业出版社，1999．

［10］王炳勋．电工实习教程［M］．北京：机械工业出版社，2002．

［11］马应魁．电气控制技术实训指导［M］．北京：化学工业出版社，2001．

［12］职业技能鉴定辅导丛书编审委员会编．维修电工职业技能鉴定指南［M］．北京：机械工业出版社，1999．

［13］陈立周．电气测量［M］．北京：机械工业出版社，2003．

［14］机械工业部统编．维修电工操作技能与考核［M］．北京：机械工业出版社，1996．